台北植物園 自然教育解說手冊

民生植物篇

台北植物園自然教育解說手冊

─民生植物篇序─

植物和人類息息相關，日常生活中所謂開門七件事：柴、米、油、鹽、醬、醋、茶，件件幾乎都離不開植物，連看似與植物無關的鹽也能和「羅氏鹽膚木」扯上關係。因此，發現或探討植物的奧秘，不但可以獲得知識的累積，還可以增進生活的情趣，其中又以「民生植物」和人類最為親近，我們更應該下工夫去認識它們，否則蔥蒜不分，菽麥不辨，難免會鬧些生活上的小笑話。

「民生植物」的範圍很廣，凡是對人類有用，和人生活中食衣住行育樂相關的植物都算，而且大部分是經人類加以栽培、保護、改良而具有經濟價值的作物，一般可分為「農藝作物」與「園藝作物」。前者又可細分為食用作物（禾穀類、豆類、油脂類、根莖類）、特用作物（糖料類、纖維類、嗜好料類）、藥用作物、飼用作物（禾草類、豆類）、綠肥作物（覆蓋作物）等，後者又可細分為果實（樹）蔬菜、花卉、觀賞植物等，林林種種，供我們溫飽、給我們舒適的生活，我們幾乎不能一日沒有它們。

台北植物園民生植物區雖只偏居於溫室花園的一角，但是在林試所同仁的努力照拂下，依照季節的更替而有不同的植物上場展示各形各色的風貌，讓民眾參觀、拍照、認識物種之餘，也能體會出自然界中草木各依時令枯榮變化的奧妙。

　　由於場地的限制，民生植物區無法種植大型的果樹或家具用材等木本植栽，僅能種植一至二年生的作物，但是台北植物園裡尚有民族植物、飲料植物等展示區提供大家認識其他民生植物的機會，此外，我們將儘量搜羅其他各種民生植物，陸續展示於園區之中，若是此解說手冊不及列入的，亦將提供解說牌以利民眾吸收新知，歡迎大家能多到植物園走走逛逛。同時，也期許大家走在民生植物天地中，能體會耕耘的辛苦與收穫的喜悅，更能感受「一粥一飯，當思來處不易；半絲半縷，恆念物力維艱」，珍惜我們所擁有的一切，包括自然界中的眾生與萬物。

　　林試所基於研究、保育、休憩、教育的任務，秉著關切自然與生命的情懷，近數年來一直提倡認識生物多樣性、保育生物多樣性與正確利用自然資源的諸般觀念。提供大眾參觀、學習植物的場域是台北植物園設置目的之一，透過植物區塊的配置設計以及各項解說設施與活動，讓大眾能更清楚的認識植物，進而愛護植物是我們的希望。我們熱誠的盼望藉著植物展示區的陳列，給予民眾的不僅是物種的認識，更能帶給大家接近自然、品味自然的愉悅，進而與自然萬物和諧相處。讓我們一起為保育與永續利用生物多樣性努力！

林業試驗所植物園組

邱文良

目　錄

貳 民生植物導讀

在以往農業時代有個笑話：「看過豬走路，沒吃過豬肉」，表示著生活的困乏與不足，而現代都市人卻是「吃過豬肉，沒看過豬走路」，「吃過米，沒看過稻子長什麼樣子」！這表示現代人物質生活充裕富足，但是卻與自然環境脫節，不認識提供人類物質生活的各種動物及植物。

台北植物園有四大功能：教育、保育、研究、休憩，而以教育為最大的目標和使命，因此植物園透過植物展示區、解說手冊、解說牌、志工解說等等方式來提供民眾、師生、親子有個學習、教學、休憩的最佳戶外教室。

依據我們的調查和觀察，在台北植物園各個植物展示區中最受歡迎的是「十二生肖植物區」和「民生植物區」，曝光率最高，最受民眾與學童喜歡拍照的景點就是民生植物區水稻旁的稻草人。許多家長

▲ 民生植物區解說牌及稻草人。

和老師也最喜歡帶學童到民生植物區參觀與教學，因為這一區展示的植物與我們日常生活最為相關密切，也獲得許多民眾的好評。

在台北植物園溫室花圃的一隅，開闢了一處與我們生活息息相關的園地 民生植物區，提供都會區裡的市民們一個學習和充電的環境與機會。

植物和人類的生活關係密切，本書僅收錄台北植物園「民生植物區」及周圍區域栽培與「食」、「衣」相關，讓人可以吃的飽、吃的好、穿的暖的植物，且較偏重可食用的植物，其中包括五穀雜糧、四季蔬菜、綠肥、油料與糖料、香辛調味料、嗜好飲用料、纖維料作物等共七十九種。

這七十九種作物，先按照「用途」分類，再依照主要產地的「產期」先後排序，並摘錄了以往台北植物園解說摺頁中的民生植物區的「學習活動單」，以提供解說志工、老師及家長作為教學的參考依據。並於書末附錄學名、中名索引。若有不足，讀者可進一步翻閱「參考書籍」，當有更詳盡的資訊。希望藉由此書讓您對民生植物有更豐富的認識。

▲ 五穀雜糧和人類三餐緊密相關。

民生植物導讀

◀植物園具有解說教育的
　功能。

◀蔬菜提供人體所需的維
　他命和礦物質。

◀經由栽培展示，建立民
眾對民生植物的認識。

◀澆水、除草、施肥是重
要的日常管理工作。

民生植物導讀

11

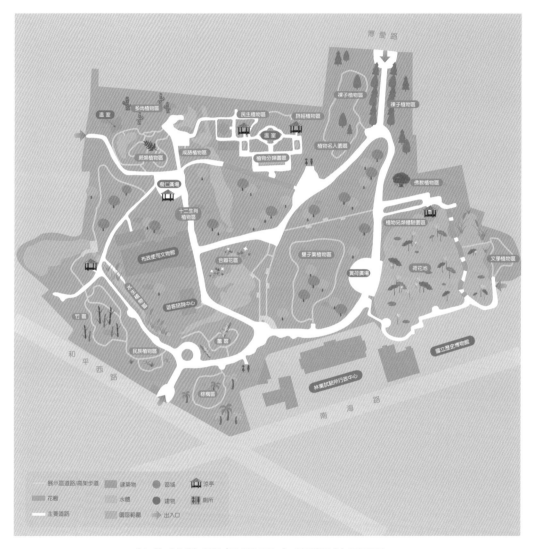

台北植物園各展示主題區位置圖

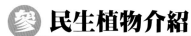 民生植物介紹

一、民生植物的分類

　　舉凡對人類有用，和人們生活相關，經人類加以栽培、保護、改良而具有經濟價值的農作物都可稱為「民生植物」。

　　民生植物的種類龐多，大致可分為農藝植物、園藝植物、畜牧植物等，其中以「農藝植物」和「園藝植物」與日常生活最相關。若依應用性質，可按照食、衣、住、行、育、樂等範圍加以敘述。

1. 與「食」相關的植物

（一）、糧食作物

　　　　民以食為天，可以吃的植物中又以「糧食作物」最重要，提供每日所須的澱粉質。

　　　　因為氣候環境差異，各地民族的糧食作物種類有些不同。古時候有所謂的「五穀」（稻、麥、黍、大豆、粟等），後來因為灌溉條件與耕作技術的進步，以及飲食習慣的改變，水稻和小麥逐漸成為我國最重要的糧食作物。

　　　　在台灣，稻米一直是我們的主食，小麥、大麥、燕麥、高粱、玉米、大豆、甘藷等都算是雜糧。雜糧主要供飼養牲畜，也可以是人們的副食品或加工應用。

13

（二）、蔬菜

　　古時候的平民百姓也許不能餐餐有魚有肉，但卻幾乎不能沒有蔬菜，因為蔬菜是重要的維他命及礦物質來源。先民最早可能以野菜為食，漸漸挑選其中較為可口的開始栽培並改進栽種的技術。

　　依照食用的部位，蔬菜可概分為根菜類、莖菜類、葉菜類、花菜類、果菜類及芽菜類等；果菜類可再細分為瓜果類及豆類等。

（三）、果樹

　　野果是人類祖先的食物來源之一，也是重要的維他命及礦物質來源。一些食後被丟棄的種子自然萌芽而長成樹木，讓先人學習到栽培管理的技巧，這就是果樹栽培的由來。

　　依照生長的氣候條件，大致可分為落葉果樹（原產於溫帶）和常綠果樹（原產於亞熱帶和熱帶）。由於海拔位置的變化和栽培管理技術的進步，一些溫帶果樹也可以在台灣的高冷地栽培，造就台灣豐富多樣的果樹產業。

（四）、牧草與綠肥植物

　　近年來因為稻米生產過剩，政府獎勵稻田轉作及休耕，休耕期間常種植綠肥作物。綠肥作物大多為豆科植物，豆科植物之根部有「根瘤菌」共生，可固定空氣中的氮素，增加土壤肥力，減少化學肥料使用量。綠肥作物開花時還可以美化農村景致，甚至增進農村觀光產業。將綠肥作物翻埋到土中腐爛後可化作有機質，改良土質，有利後

續作物生長利用。

　　有些豆科植物（苜蓿、紫雲英等）富含蛋白質等養分，為牲畜所喜食，自古以來就是綠肥、牧草及飼用兼可的作物。

（五）、油料與糖料植物

　　油料作物的種子富含油脂，提煉調製後可供食用、工業用和醫療用。在文明社會，植物性食用油普遍較動物性食用油更受歡迎。一些機械用、醫療用、燈油用、潤滑用油等也取自植物。榨油之後的油粕可當飼料或肥料。

　　台灣的糖料作物以甘蔗為主，曾經為我們賺取大量的外匯。

（六）、藥用保健植物

　　俗語說「見青是藥」，許多農作物或野生植物含有某些成分，對健康有益，直接或炮製後可治病養身，或製成藥劑，或用來驅蟲。雖然西方醫學發達，成藥的效果常更有效迅速，但有時難免伴隨一些副作用。先民傳下來的中草藥智慧不但未被取代，而且日益受到研究重視。除了採自野外和進口之外，目前也有許多保健植物是以人工方式栽培。

（七）、香辛調味料植物

　　香辛料是指利用植物體的酸、甜、辣、鹹等味道或色澤來「料理調味」，以增進食慾、改變食物風味，有時也兼具殺菌、延長食物保存期或具有藥用價值。由於此類植物常含有特殊氣味，較少單獨食用，多半於料理時酌量添加，為用餐時間不可或缺的配角。

（八）、嗜好及飲料植物

也稱為刺激性作物。此類植物含有特殊成分，經久使用容易成癮。

例如含有刺激性的植物鹼、精油或咖啡因等成分，能引起刺激、興奮、鎮靜或麻醉神經的作用，為一部分消費者所嗜用。依其用法，可分為吸取、咀嚼及飲用三類。在台灣，菸草、檳榔、荖葉都種得不少，咖啡和茶葉則是許多人喜好的飲料，這些產品常成為人際互動不可缺少的社交品。

2. 與「衣」相關的植物

史前人類除了以獸皮裹身，也以樹葉、樹皮編成衣物保暖並維持基本的禮節。中國人率先植桑餵蠶，煮繭繅絲，織紡精練成細緻柔美的絲綢，是重要的外銷品。一般平民則著麻布衣，晚期才用棉花織布。此類桑、麻等農作物也稱為「纖維作物」。

廣義的纖維作物還包括「編織植物」，應用於繩索、漁網、布袋、籃籮、帽子、墊蓆等日用工藝品。在人造纖維和塑膠發明之前，編織植物和人類的生活密不可分。

3. 與「住」相關的植物

古人常以樹木、竹材為棟樑，棕櫚、芭蕉、芒草搭建房舍屋頂，或劈砍木料、竹材為鷹架，以藤本植物綑綁或木樁固定。而模板、水管、籬笆、樓梯、家

具、掃帚、農具也取自植物。枯枝落葉可生火取暖並烹煮食物，殘餘灰燼可當作染料及肥料。此類植物種類多樣，雖然與民生相關，多半採自森林植物。

4. 與「行」相關的植物

不論是牛車馬車、舟楫棧道、鐵軌橋樑，常須以木塊、竹材為架設材料，甚至鞋子、鞋帶、柺杖、扁擔也取自植物。由於金屬等材料較為堅固耐用，許多人已經忘記植物曾經帶給人們「行」的便利。此類植物種類多樣，多半取材自野外而非刻意種植。

5. 與「育樂」相關的植物

紙張發明之前，以龜甲、竹簡、木片、獸皮、絲帛寫字記事，較為昂貴且不便。因為有紙，知識的傳播、文化的交流更為方便快速。造紙的原料以植物為主，紙還可用來包裝、填充及裝飾。

許多絲竹樂器以植物作材料，廟宇神像以上等木材雕刻，觀葉植物或觀賞花木有宜人的葉形和花姿，許多還帶有香氣，可美化環境，或可交易，促進經濟產業活動。此類植物範圍太多，不勝枚舉。

二、相關名詞解釋

　　介紹民生植物時，難免會提到一些和植物生長、栽培管理技術相關的專有名詞，試列舉如下，以供參考：

◎作物：以農業生產、獲得利益為目的而栽培的植物，也稱為農作物或莊稼。通常是指和基本生活有密切相關的稻、麥、棉、麻，以及各種飼料用、油用、糖用、澱粉用植物。蔬菜和果樹也屬於作物的範圍。

◎綠肥：將新鮮植物體掩埋，任憑腐爛分解，以作為作物之養分者。例如在茶園中種植羽扇豆、水稻收割後種植油菜，此時羽扇豆和油菜屬於綠肥作物。

◎品種：同一種作物，因其果實大小、形狀、色澤、甜度口感等特徵有明顯的不同，可以加以分別，而且這些特性可以藉由繁殖而保存延續至下一代。例如蘋果之品種有元帥、富士、蜜等。又例如水稻的品種有台農 71 號（益全香米）、越光、台粳 4 號等，它們的植株高度、生育期、稻穀重量等特性皆有不同。

◎自花授粉：甲花（甲株）之花粉傳播至甲花（甲株）之柱頭上而完成受精作用。例如水稻、大豆、落花生、番茄屬於自花授粉的作物。

◎異花授粉：甲花（甲株）之花粉傳播至乙花（乙株）之柱頭上而完成受精作用。例如玉米、白菜、蘿蔔、西瓜屬於異花授粉的作物。

◎完全花：一朵花中具備花萼、花瓣、雄蕊、雌蕊四種構造，稱為完全花，例如梅花。若缺少其中之一，稱為「不完全花」，例如絲瓜。

◎雄花：俗稱為公花。花朵中具有雄蕊，可產生花粉供授粉，但缺乏雌蕊或雌蕊發育退化。屬於不完全花。

◎雌花：俗稱為母花。花朵中具有雌蕊，可接受花粉受精而發育成果實，但缺乏雄蕊或雄蕊發育退化。屬於不完全花。

◎雌雄同株：同一株植物上分別有雌花和雄花，而且是分開生長。例如玉米、木薯、西瓜和芋頭。

◎雌雄異株：雌花長在「雌株」，雄花長在「雄株」。例如菠菜和蘆筍。

◎抽苔：作物歷經幼苗、成長、茁壯一段時間後，抽出花梗或花苞，露出於葉子之外。以甘藍、白菜來說，通常需要冬天的低溫刺激，才能從葉叢中抽出花梗以至開花。對採收葉子為主的蔬菜來說，最好是抽苔之前就採收，食用口感較佳。

◎抽穗：稻、麥等禾穀類作物抽出花穗，露出於葉鞘之外。以水稻來說，抽穗當天或 1-2 天之內即陸續開花。每一品種的水稻，從插秧至抽穗、從抽穗到收割的日數略有不同，這也是水稻各品種的特性之一。

◎分蘖（ㄋㄧㄝˋ）：草本作物（例如稻、麥）或灌木狀作物（例如苧麻），自地面附近分出側芽，使植物體看起來成叢生的型態。以水稻來說，幼苗

長出 3-5 片葉子時即開始分蘗。

◎連作：在同一塊土地上，甲作物收成後繼續種植甲作物。有一些作物，例如薑、木薯、落花生、綠豆和芋頭，連作時會降低產量、病蟲害增多而使收益降低，此類作物不宜連作。

◎輪作：在同一塊土地上，甲作物收成後改種乙作物。例如豆類－瓜類、水稻－油菜、水稻－胡麻、落花生－甘藷－黃麻－甘藷、水稻－甘藷－水稻－甘蔗、大豆－小麥－玉米，皆為常見之輪作方式。

◎間作：在一塊土地上，甲作物和乙作物分行或分帶相間，通常是高和矮、生長期長和生長期短的作物分行種植。例如甘蔗的生育期長達 12-18 個月，在生長初期，於甘蔗田間作生長期較短的落花生，可增加收益。又例如棉花間作落花生，或是落花生間作玉米。

◎摘心：將作物的生長點或側芽的頂梢摘除。例如菸草，摘心後可以促使菸葉成熟且提高品質。又例如茄子，摘心後可以長出分枝，增加開花結果的數量。

◎疏花：將過多的花朵去除掉一些。例如龍眼經過疏花，可減少養分分散，減少將來的落果現象。

◎疏果：將過多的果實去除掉一些。例如枇杷經過疏果，可減少養分分散，有利於果實肥大且提高品質。

◎催芽：控制溫度、水分等環境因素以促進種子的發芽。例如一期水稻於二月份播種時，因氣溫仍低，此時發芽慢且發芽不整齊，若經由溫水浸泡，可

提早發芽。

◎育苗：將幼苗培育於容易控制水分、溫度、光線的地點（露天或溫室），長大
到一定的程度才移出種植。例如瓜類、茄子和番茄通常先育苗再定植，
可提高存活率。

◎間拔：將生長過密的幼苗加以篩選，留下強壯的，瘦弱的或擁擠的予以拔除，
以增大生長空間。例如小白菜從發芽到收成期間需經過數次的間拔。

◎移植：將植物由甲地移栽到乙地，可以是暫時性的（將來會再移到丙地），也
可以是固定的（不再移植）。

◎假植：將植物暫時性的種植在某地，之後再行移植。例如菸草的幼苗經過假
植，可促進根部的發育，使幼苗大小一致。

◎定植：選定位置和距離後，將作物種下去不再變更，一直到開花、結果、採
收。

◎中耕：作物成長期間，在植株旁所做的鬆土作業。通常只將表層土壤弄鬆，避
免傷害到作物的根部。常和培土、除草、施肥等管理工作一起進行。

◎培土：作物成長期間，將植株旁的土壤弄鬆，然後集聚覆蓋於根部旁側，使土
面高於四周。例如栽培薑、甘藷、甜菜需經過培土作業，可固定植株、
幫助根部發育。

◎生育期：一年生或二年生作物，從播種到種實成熟（或主產品可供收穫）的總
天數。例如二期水稻的生育期約 85-110 天，甘蔗的生育期約 12-18 個
月。

民生植物介紹

肆 民生植物各論

木薯　*Manihot esculenta* Crantz.

【大戟科木薯屬】

產期：1-3 月

　　木薯也叫「樹薯」，因地上部分似樹，地下塊根肥大似甘薯而得名。原產於熱帶美洲，其塊根富含澱粉，是亞馬遜河和剛果河流域部分居民的主食。

　　早期的木薯多用來餵豬，或磨粉製成味精及太白粉，需求量大，種得也多。近年來栽培面積逐年下降。木薯全株都有毒，不可生食，但煮熟、磨粉或曬乾後即破壞其毒蛋白而變成無毒，可安心食用。

　　木薯以春天扦插繁殖最適宜。依用途不同，製粉者於種植 1-2 年後，當枝葉枯黃、塊根澱粉含量達到最高時掘取；若供人食用者，於當年年底陸續掘取，削皮切塊後可煮成甜食。

■ 知識加油站：
　　一般市面上販售的太白粉，主要由木薯或甘藷製成。
　　用木薯製成的太白粉感覺較滑，如果依品質來衡量，以甘藷太白粉較佳，但成本較高。

糧食作物

▲ 落葉灌木，葉子呈掌狀，傷口會流出
　白色乳汁。

▲ 蒴果，表面有六個稜。

▲ 塊根 5-8 條或更多。

蕎麥　*Fagopyrum esculentum* Moench.

【蓼科蕎麥屬】

產期：1-2 月

蕎麥原產於黑龍江流域、貝加爾湖一帶。由於性喜涼爽，以 10-11 月播種最佳。

蕎麥早期多半當作綠肥，民國 71 年政府以保證價格收購，將蕎麥加工為蕎麥粒、蕎麥麵粉、蕎麥雪花片、蕎麥麵等產品。其蛋白質含量和玉米相當，醣類和玉米相似，脂肪量高於小麥。在日本，蕎麥食品被應用於高血壓、中風之預防食品。蕎麥的嫩葉可當蔬菜，莖稈可做飼料。花朵富含蜜液，為重要的蜜源植物。

另有一種「苦蕎麥」（*F. tataricum* Gaertn.），籽實有苦味，主要當作綠肥，推廣單位亦開發其藥用價值。苦蕎麥種子由台中區農業改良場提供。

▲ 蕎麥開花及結果。

▲ 苦蕎麥的花、果均較蕎麥為小。

▲ 蕎麥依品種不同，株高 0.6-1.2 公尺。

糧食作物

25

米豆　*Vigna umbellata* (Thunb.) Ohwi & Ohashi

【豆科豇豆屬】

產期：1-4 月盛產

米豆可能原產於印度、中國南部至馬來西亞一帶，盛產於中國、泰國和緬甸。

米豆的種子富含蛋白質及醣類，熱量很高，鈣質和鐵質含量亦高於其他豆類，可與稻米同煮成飯或粥，或單煮豆粒食用，故名「米豆」或「飯豆」。

除了糧食之外，米豆亦可用來包粽子、燉排骨湯，加工製成「豆簽」。幼苗及嫩葉可當蔬菜。生長快速，枝葉繁茂，可當家畜飼料。根部有根瘤，可當作綠肥。

糧食作物

▲ 米豆的三出複葉。

▲ 不同種質資源的米豆，以最右邊
者最常見。（亞蔬中心提供）

▲ 米豆結莢。

小麥　*Triticum* aestivum L.

【禾本科小麥屬】

產期：2-4 月

　　小麥可能原產於中東兩河流域（今伊拉克北部）一帶。由於小麥的麥粒殼皮較硬，粉質較黏，不適合煮食，多半磨成麵粉，然後再製成糕餅、麵條、麵包、饅頭、通心粉等。

　　小麥的品種很多，大致可分為「冬小麥」和「春小麥」兩大類。冬小麥較耐寒，於秋天播種，冬天生長減慢，到了春天生長變快，初夏收穫。春小麥於早春播種，秋天收穫。其中以冬小麥製成的麵粉品質較佳，國際間栽培的以冬小麥較多。

　　小麥在台灣種得很少，僅台中、彰化、金門等地少量栽植，收穫後當作釀酒之酒麴，糧食所需用的麥粒、麵粉皆靠進口。

■ 知識加油站：

　　大麥、小麥等麥類在台灣都屬稀有作物，栽培上有一些共通性：
1. 喜歡涼爽，怕炎熱，通常於 10-11 月播種，第二年春天收穫。
2. 生長期前半段的需水量較後半段多，如果生長後期雨水過多，成熟期會延後。
3. 如果遲至 12-1 月播種，由於此時氣溫低，營養生長期會變長，而使收穫期延至 4-5 月。此時氣溫升高，麥類的病蟲害增多，品質變差，且勢必影響一期水稻之耕作。

糧食作物

▲ 由左至右：六稜大麥、二稜大麥、小
麥、黑麥、燕麥。

▲ 小麥於 10-11 月播種，翌年春天收成。

▲ 黃熟的麥穗。

大麥　*Hordeum distichum* L.

【禾本科大麥屬】

產期：2-3 月

大麥因為胚乳所含的麥膠極少，無法像小麥般磨成麵粉，國際間栽培較小麥為少。但是適合碾製煮成飯粥，自古以來就是重要的糧食作物。引進台灣之初以台南、嘉義、雲林、彰化的沿海鄉鎮種得較多，但現在是越種越少，所需麥粒及麥片皆靠進口。

大麥的品種很多，可概分為多稜大麥（*H. vulgare* L.）和二稜大麥（*H. distichum* L.）。前者大多當作飼料，尤其適合餵豬。台灣栽培的以二稜大麥為主，適合釀造啤酒、威士忌。

大麥亦用來製成麥芽糖，或烘炒煮成麥茶（麥仔茶），具有消暑袪濕、解渴生津之效。莖葉甘美而易於消化，可餵食家畜。

大麥喜歡涼爽的氣候，以 10-11 月最適宜播種。

■ 知識加油站：

你知道小麥和大麥的簡易區分方法嗎？可由以下幾點來比較：
1. 大麥的芒的較長，小麥的芒較短。
2. 大麥的分蘗較多，植株於太濕、過於擁擠時易倒伏；小麥的分蘗較少，倒伏情形較少。
3. 大麥的「葉耳」長而明顯，小麥的葉耳短而不明顯。

糧食作物

▲ 左：皮大麥（不易脫殼）
　右：裸大麥（易脫殼）

▲ 成熟的麥穗，此為二稜大麥。

芒

葉耳

▲ 穗狀花序，自花授粉為主，此為二稜大麥。

31

甘藷 *Ipomoea batatas* (L.) Lam.

【旋花科牽牛花屬】

產期：1. 塊根：2-3 月

　　　2. 甘藷葉：4-11 月

　　甘藷俗稱為「番薯」、「地瓜」，原產於墨西哥，哥倫布發現新大陸後逐漸傳遍世界各地。目前以中國栽種最多，產量居世界之冠。

　　甘藷主要的食用部位是塊根，光復之初，農村普遍以養豬為副業，常用甘藷來餵豬。目前主要為供人食用，少數為食品加工和製作澱粉的原料。甘藷粉亦可用來釀酒。

　　甘藷葉也稱為「豬菜」，經過不斷改良，目前已育成專門生產嫩葉供蔬菜用的品種，稱為「葉用甘藷」。葉用甘藷四季都可種植，再生力強，很少噴農藥，是一種清潔、營養的蔬菜。

▲ 花漏斗狀，粉紫色。

▲ 塊根生長情形。

▲ 生產塊根者須把畦面作高，有利塊根發育。

黑麥　*Secale cereale* L.

【禾本科黑麥屬】

產期：4-5 月

　　黑麥原本為小麥田中的雜草。當小麥被引進北歐等地時，黑麥的種子也伴隨進入，因為耐寒，後來代替了部分的小麥而成為糧食作物，目前以蘇聯、波蘭、德國和東歐栽培較多。

　　黑麥麵粉顏色較深暗，製成的麵包俗稱黑麵包，孔隙較多，別具風味且耐儲藏。由於口感較小麥麵包差，當種植環境條件改善時，農民常放棄黑麥而改種小麥，因此栽培面積有縮減的趨勢。黑麥亦可製成脆餅，釀成黑麥啤酒、黑麥威士忌或黑麥汁。亦可混合大麥、玉米、燕麥當作飼料。

　　黑麥在台灣並不普遍，屬於稀有作物。台北植物園的黑麥種子是由台灣大學農場及農業試驗所分贈。

糧食作物

▲ 由左至右：大麥、小麥、黑麥、燕麥。

▲ 黑麥結穗。

▲ 黑麥開花，屬於異花授粉作物。

35

大豆　*Glycine max* (L.) Merr.

【豆科大豆屬】

產期：1. 大豆：4-6 月、8-9 月
　　　2. 毛豆：12-3 月

　　大豆，古稱為「菽」（ㄕㄨˊ），是古代平民重要的主食之一。品種極多，依豆粒顏色，有黃色、黑色、褐色、綠色及雙色等；其中以黃色者最常見，因此又稱「黃豆」。在台灣，主要分為生產「大豆」及「毛豆」兩大用途，並有「綠肥」用之品種，綠肥用大豆以「青皮豆」較常見。

　　大豆用的品種於株枯莢黃時採收，剝取乾豆，供煮食、榨油及磨粉。

　　毛豆用的品種於豆莢八分飽滿時採收，加入鹽、辣椒或胡椒，水煮冷卻後就是可口的開胃小菜。台灣的毛豆以外銷日本為主，少數供內需。

　　「黑豆」也是大豆的品種之一，種子黑色，可釀造醬油、豆豉（ㄔˇ）或浸藥酒。

▲ 蝶形花，粉紅色或白色。

▲ 黑豆是大豆的品種之一。

▲ 毛豆專業栽培。（嘉義水上）

稻　*Oryza sativa* L.

【禾本科稻屬】

產期：一期稻 4-7 月，二期稻 8-12 月

　　以食用人口而論，稻是最重要的糧食作物，而且近幾年來它的總產量已超越小麥，成為世界第一。稻的品種極多，若依照栽培時須水量的多寡，可分為「水稻」和「陸稻」。水稻喜歡濕潤，台灣栽培的屬於水稻。

　　稻又可分為「秈（ㄒ一ㄢ）稻」和「粳（ㄍㄥ）稻」兩大類。早期由漢人引進栽培的屬於秈稻（在來稻，意思是本地種），日治時期再由日本引進粳稻（蓬萊稻），目前台灣栽培的有 90% 是屬於粳稻。不論是秈稻或粳稻，都有米質較黏的糯米品種。

　　台灣的氣候溫暖多濕，適合稻的生長，一年可以種兩次稻。因為稻米生產過盛及開放進口，目前許多地區的二期稻已休耕轉作其他作物。

　　台北植物園曾經種植的稻有以下品種：蓬萊米、在來米、紅糯米、黑糯米、香米、高粱稻，以上為水稻。93 年 7 月收集到陸稻並馬上試種。以上各品種的稻種子由台中區農業改良場、農業試驗所所提供。

糧食作物

▲ 水稻育苗。

▲ 結實纍纍的水稻。

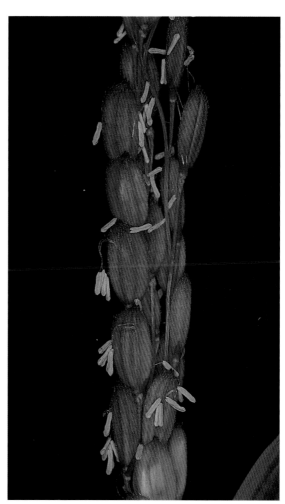

▲ 水稻開花，自花授粉為主。

高粱　*Sorghum bicolor* (L.) Moench

【禾本科蜀黍屬】

產期：5-8 月、10-12 月

　　高粱也稱為「蜀黍」，屬於熱帶作物，但部分品種在溫帶地區（例如中國東北）暖季時亦可栽培。高粱栽培管理容易，產量高而穩定，以嘉南地區種得最多，栽培面積占全台的 95%。

　　高粱可分為四大類：「食用高粱」、「甜高粱」、「牧草用蜀黍」、「帚用高粱」。其中以第一類最為常見，可以煮食，現在大多當作飼料，少數由酒廠收購當作釀酒原料。部分農家零星栽培帚用高粱，取其散開狀的果穗，乾燥綁紮後當作掃帚。

　　未開花之前，高粱植株和玉米植株很相似，但高粱的莖稈有白色蠟粉（玉米則無），葉緣平直無毛（玉米的葉緣上下波狀且表面有毛茸）。開花後更易分辨：高粱是兩性花，而且是在莖稈頂梢開花，果穗外部沒有苞葉保護，可明顯區別。

▲ 一望無際的高粱田。（台南東山）

▲ 高粱開花。

▲ 帚用高粱的果穗散開狀。（種子由本所同仁邱
　先生及台中區農業改良場贈送。）

糧食作物

綠豆　*Vigna radiata* (L.) Wilczek

【豆科豇豆屬】

產期：5-6 月、8-10 月

　　綠豆可能原產於印度，日治之前即引進台灣。西方國家較少食用綠豆。

　　綠豆的品種極多，種子的顏色有綠色、金黃色或黑色等，其中以綠色者最為常見，故名。除了煮湯、煮粥，亦可磨粉，製成綠豆沙。綠豆磨粉是製作冬粉、粉條的主要材料。種子吸水後，當天即可發芽，變化明顯，是小學生極佳的自然科實驗觀察材料。在全黑不透光的地下水池或孵化箱，可孵化「綠豆芽」，是包春捲、煮陽春麵的必備佐料。綠豆也可當作綠肥。

　　綠豆比較不耐霜害，以春至夏季播種最佳。台北植物園亦收集到豆粒為金黃色或黑色等不同品種的綠豆種子，由亞蔬中心所分贈。

糧食作物

▲ 綠豆的蝶形花，自花授粉為主。

▲ 成熟的果莢黑褐色，有短毛。

◀ 綠豆幼株。

43

粟　*Setaria italica* (L.) Beauv.

【禾本科狗尾草屬】

產期：5-8 月、12 月

　　粟就是俗稱的「小米」，原產於中國東部，傳入台灣後，以屏東、台東、新竹、高雄等縣山地鄉村或平地旱田栽培較多，除了供炊飯、煮粥，亦可製成糕點，或混合豆類磨粉，或配合麵粉烤製麵包。穀粒為禾穀類中最小的，為小型寵物鳥的飼料。

　　粟是原住民朋友的主要作物之一，為祭典時的祭品、主食，或用來宴請賓客。亦可釀成小米酒，味道辛辣。粟也稱為「梁」、「穀子」，成語中「黃粱一夢」、「滄海一粟」指的就是粟。

　　粟適合於 1-3 月及 8 月播種，尤以春季為主。

糧食作物

▲ 粟開花，花極小。

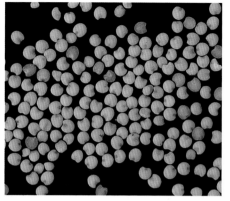

▲ 脫殼後的粟，可餵食小鳥。

▲ 結實纍纍的粟。

黍　*Panicum miliaceum* L.

【禾本科黍屬】

產期：5-11 月

　　黍是一種古老的穀類作物，在我國已有四千多年的栽培歷史，商朝時已用來釀酒。依照穀粒黏性與否，粳性（不黏）的稱為「稷」，糯性（黏性）的稱為「黍」，不過現在通常同稱為黍。

　　黍主要種植於花蓮等地，泰雅族、鄒族朋友亦零星種植。黍可以煮飯、煮粥，磨粉後可製糕餅，為節慶常用食品。亦可製糖漿及酒精。黍也可以當作飼料，莖稈可當牛的飼草。

糧食作物

▲ 種實黃褐色。

▲ 黍開花，花小不明顯。

▲ 台北植物園的黍，高約 60 公分。

薏苡 *Coix lacryma-jobi* L.

【禾本科薏苡屬】

產期：7-8 月、11-12 月

中藥上，蓮子、芡實、茯苓、淮山合稱為四神，其中芡實的產量較少，有時也用薏苡代替。

去殼後的薏苡稱為薏仁或薏米，富含蛋白質、脂肪、石灰質和磷質，營養價值極高，自古以來就是滋補食品。可混米煮粥，亦可加入紅棗、紅豆煮成甜湯，或是做成健康食品，例如薏仁茶、薏仁酒、薏仁粉、薏仁醬油等。鮮嫩植株亦可當作飼料。

薏苡原產於越南、泰國、緬甸一帶，喜溫暖濕潤的氣候，以 3-4 月或 7-8 月播種較佳，可連續生產數年，不需年年播種。

糧食作物

▲ 薏苡開花，分為雌花及雄花。

▲ 薏苡爆米花。

▲ 薏苡結果。

落花生　*Arachis hypogea* L.

【豆科落花生屬】

產期：10-2 月、5-6 月盛產

　　落花生也稱為「花生」或「土豆」，原產於南美洲，發現新大陸後傳遍各地，為世界重要的油料作物。

　　落花生在泥土中結莢（果實、果莢）的原因，民間戲曲中是這樣流傳的：朱元璋小時候有癩痢頭，有一次他從樹叢下走過，樹枝上的果莢碰痛了頭上的痂，於是他開聖口，從此讓落花生結莢在土中。當然這個傳說只是虛構而沒有根據的。真正的原因是：花朵授粉後，子房柄伸長鑽入地下，子房在黑暗的泥土中發育成果莢。至於沒有鑽入泥土中的就枯乾萎縮，無法形成果莢。

　　落花生的種子俗稱花生米，可供榨油，品質比大豆油佳。亦可製作糕餅、冰棒、糖果、花生醬，或曬乾後炒食，都很受歡迎。

▲ 落花生結莢於泥土中。

▲ 「澎湖 3 號」品種，植株呈半匍匐性。

▲ 落花生喜歡生長在土質鬆軟且排水良好的沙壤地。

糧食作物

紅豆　*Vigna angularis* Ohwi & Ohashi

【豆科豇豆屬】

產期：10-4 月

　　紅豆也稱為「小豆」，因種子大多呈紅色，一般習稱為「紅豆」，但也有種子是黑色、白色、綠色或有斑點的品種，只是都很少見。紅豆主要的產地是東南亞，尤以中國為主，產量居世界之冠。歐美及其他國家甚少栽培、食用。

　　台灣的紅豆以屏東、高雄兩縣栽種最多。最適合於 9-10 月播種，此時日夜溫差較大，日照時數漸短，有利於豆莢肥大，產量穩定，品質也較佳。

　　紅豆的種子富含澱粉及糖分，主要作甜食，亦可製成紅豆沙、紅豆粉、紅豆餡、羊羹等。本園曾獲高雄區農業改良場及農業試驗所慨贈紅豆品種約十種，有機會時將分次種植。

■ 知識加油站：
　　紅豆和綠豆除了豆子的顏色不同之外，可由下列方法去鑑別：
　　1. 紅豆發芽時，子葉不出土；綠豆的子葉會出土。
　　2. 紅豆的開花部位集中於莖稈，花序很少高出葉面；綠豆的花序常高出葉面。
　　3. 紅豆的果莢成熟時黃褐色；綠豆的果莢成熟時黑褐色，有毛。

糧食作物

▲ 蔓性品種紅豆，果莢成熟期
　不一致，不適合機械採收。

▲ 矮性品種紅豆，適合機械採收。

▲ 蔓性品種紅豆開花，其莖蔓可長達 3 公尺。（種
　子由本所同仁邱先生所收集、提供。）

花豆　*Phaseolus multiflorus* Willd.

【豆科菜豆屬】

產期：12-3 月

　　花豆是「多花菜豆」的品種之一，原產於中南美洲，為當地居民的主要糧食之一。日治時代由日本引進台灣，目前以中南部縣市種植面積較多。

　　花豆的播種適期為 10-11 月。種子可煮成甜湯，亦是製造豆沙糕餅的餡料之一，加糖熬煮成半透明的甘納豆，可當零食或八寶冰配料。嫩豆莢可當蔬菜，莖葉可做飼料。由於花豆生長快速，從播種到開花只需約一個月；開花至果莢成熟亦約一個月，變化明顯，極適合當作小學生的自然課實驗作物。

　　本園亦由農業試驗所收集到多花菜豆的品種之一「虎豆」，有機會也會種植展示。

▲ 花豆大多都是矮性品種，莖直立性
　但不很高。

▲ 花豆開花

▲ 蔓性品種花豆。

糧食作物

55

燕麥　*Avena sativa* L.

【禾本科燕麥屬】

產期：12-3 月

　　燕麥為重要的牧草和飼料作物，目前以美國、加拿大、蘇聯等國種植較多。民國 63 年，政府成立酪農專區，燕麥為冬、春季節乳牛的重要飼料。

　　燕麥的品種不少，可分為「普通燕麥」（*A. sativa* L.）和「紅燕麥」（*A. byzantina* L.）。前者主要作成燕麥片供人食用，營養價值高而易消化、吸收。紅燕麥以飼料、牧草用途為主。

　　燕麥喜歡涼爽的氣候，10 月前後最適宜播種。

糧食作物

▲ 成熟的燕麥穗。

▲ 紅燕麥供牲畜食用為主。（種
　子由台中區農業改良場贈送）

▲ 燕麥株高約 1 公尺。

玉米　*Zea mays* L.

【禾本科玉蜀黍屬】

產期：全年

　　玉米也稱為「玉蜀黍」，閩南語稱為「番麥」。原產於南美洲，目前以美國種植最多，產量佔世界之半。

　　玉米的品種很多，依用途可以分成「飼料玉米」、「食用玉米」和「青割玉米」三大類。飼料玉米的籽粒較硬，適合當作飼料、製粉、榨油或製酒精。

　　台灣常見的食用玉米有「甜玉米」（包括超甜玉米）、「白玉米」和「糯玉米」。甜玉米的含糖量較高，所以特別甜，較適合鮮食、煮湯、炒食或製玉米粒罐頭。

　　青割玉米的果穗亦可食用，但口感較差，較適合連莖帶葉切段、發酵，當作牛隻的芻料，長期餵食，可提高乳牛的泌乳量及牛乳風味，而且有益牛隻健康。

　　台北植物園也曾種植其他品種的玉米，例如「爆裂玉米」為爆米花專用、「觀賞玉米」可供觀賞而易於保存。此兩者由農業試驗所及台灣大學農場贈予。

蔬
菜

▲ 由左至右：爆裂玉米、飼料玉
米、甜玉米。

▲ 飼料玉米，於果穗硬熟時採收。
（雲林北港）

▲ 株高可達 2-3 公尺。（嘉義水上）

蘿蔔　*Raphanus sativus* L.

【十字花科蘿蔔屬】

產期：全年均有，冬季盛產

　　蘿蔔原產於希臘至高加索一帶，又稱為「萊菔」，閩南語稱為「菜頭」。

　　蘿蔔的食用部位為根部。品種極多，若依照根部的顏色，有白皮白肉、紅皮白肉、紅皮紅肉、青皮紅肉、青皮白肉、青皮青肉、黃皮、紫皮或黑皮等，在台灣以白皮白肉者最為常見。若依照葉子形狀，可分為裂葉（有缺裂）和板葉（缺裂較少）兩大類。

　　蘿蔔的葉子也可以做蔬菜，富含維他命 A、B1、B2、C，目前已經培育出專門食用其葉子的品種「葉蘿蔔」。另外，還有根徑只有 2-3 公分大的「櫻桃蘿蔔」，可生食、涼拌、觀賞，亦可當作綠肥。櫻桃蘿蔔從播種到採收只須 20-25 天。

蔬菜

▲ 櫻桃蘿蔔，可供觀賞或食用。

▲ 板葉品種蘿蔔栽培面積略少。

▲ 紅皮蘿蔔。（裂葉品種）

甘藍　*Brassica oleracea* L. var. *capitata* L.

【十字花科蕓薹屬】

產期：全年

　　甘藍也稱為「高麗菜」，原產於歐洲，大約在荷蘭人占領時期傳入台灣，是最重要的葉菜類之一。

　　甘藍幾乎全年都有生產，夏天時平地太熱，以高冷地生長情形較佳。甘藍含有豐富的維他命 C，除了炒食或煮食，亦可製成生菜沙拉和泡菜。甘藍於發育中期，葉子開始捲抱成球，稱為「葉球」，葉球採收後，切口處四周還會重新冒出側芽，發育成一球一球的小「甘藍芽」，甜脆細嫩。

　　在花壇中，有時可看到葉片紫、紅、白、綠相間的「彩葉甘藍」，又稱為「葉牡丹」，屬於甘藍的變種，主要供觀賞，嫩葉亦可食用。

蔬
菜

▲ 公園花壇中觀賞用的葉牡丹。

▲ 切口四周長出的甘藍芽。

▲ 甘藍也稱為「高麗菜」。

白菜（不結球白菜） *Brassica chinensis* L.

【十字花科蕓薹屬】

產期：全年

白菜是台灣栽培面積第二大的葉菜類，僅次於甘藍。品種極多，若依照生長期間葉子是否會抱合，可分為「結球白菜」和「不結球白菜」兩大類。

結球白菜俗稱為「大白菜」，喜歡冷涼的氣候，天氣越冷長得越好，到了冬天品質最好吃，古人稱讚它「凌冬不凋，四時常見」，有如松樹一樣的操守，所以也叫「菘」。適合炒食或煮火鍋，亦可製乾、醃漬泡菜、生菜沙拉。

不結球白菜俗稱為「小白菜」，品種很多，例如「青梗白菜」（湯匙菜），從播種到採收只需 20-30 天，適合家庭栽培，最宜炒食、煮食或煮湯。

蔬菜

▲ 結球白菜俗稱為大白菜。

▲ 俗稱為「湯匙菜」的青梗白菜，屬於
不結球白菜。

▲ 白菜於低溫環境下容易開花。

芥菜　*Brassica juncea* (L.) Coss.

【十字花科蕓薹屬】

產期：全年均有

　　除夕夜，中國人習慣圍爐吃飯，餐桌上常有一道意寓深長的「長年菜」，就是芥菜煮成的。

　　芥菜也叫「刈菜」。品種極多，依食用部位不同，可分為食用葉片或葉柄的「葉用芥菜」、食用莖部為主的「大心菜」、食用根部為主的「根用芥菜」，但後者很少見。

　　葉用芥菜例如：雪裡紅、包心芥菜，可供炒食、煮食、作湯。若要醃漬成「鹹菜」、「福菜」，則在葉柄充分肥大但未老化前採收。大心菜主要是取嫩莖炒食或煮湯，或製成「小菜心」。

　　台北植物園栽培的品種為葉用芥菜。

蔬

菜

▲ 葉用芥菜。

▲ 大心菜可製成「菜心」。（雲林莿桐）　　▲ 芥菜開花，黃色。

芥藍　*Brassica alboglabra* Bail. var. *acephala* Dc.

【十字花科蕓薹屬】

產期：全年

　　芥藍菜又叫「隔暝仔菜」，在一般葉菜類無法生長良好的夏天，或零下 10–15℃的天候下，都各有適合的芥藍品種能正常生長，對病蟲害的抵抗力也很強，所以一年四季都有上市，是很重要的蔬菜。

　　芥藍通常在植株幼嫩時全株連根採收，或是只摘取嫩葉及花蕾食用。炒食之前將較粗硬的莖皮撿除，其餘分段下鍋，猛火快炒，吃起來清脆夠味。芥藍炒牛肉更是餐館上常見的菜色。

蔬菜

▲ 芥藍的莖葉常帶有白粉質。

▲ 白花芥藍。

▲ 黃花芥藍。

芋　*Colocasia esculenta* (L.) Schott

【天南星科芋屬】

產期：全年均有，7-9 月盛產

　　芋原產於印度，是熱帶亞太地區居民的重要糧食之一，亦為蘭嶼原住民的傳統主食。

　　芋耐陰耐濕、耐瘠耐肥，水田、旱田、山坡地或新墾地都適宜種植。地下莖俗稱「芋頭」，含有豐富的澱粉，適合炒、煮、蒸、炸，芳香可口。蒸煮後可當豬的飼料，磨粉後可製澱粉，為製造酒精、果糖的配料。嫩葉柄俗稱「芋橫」，可以炒煮、醃漬。葉片寬大平滑，可用來包裹食物。

　　芋全株都有黏液，含有植物鹼，不能生吃。但煮熟後就可安心食用。

　　台北植物園收集的芋品種很多，例如：

一、檳榔心芋、麵芋、紅梗芋。屬於母芋用品種，其芋頭體形較大。

二、狗蹄芋、石川早生。屬於子芋用品種，其芋頭體形較小而數量多。

三、赤芽芋。屬於母子芋兼用品種。

以上品種由高雄區及台南區農業改良場提供。

蔬
菜

▲ 芋以水田栽培為最多。

▲ 檳榔心芋是最常見的品種。

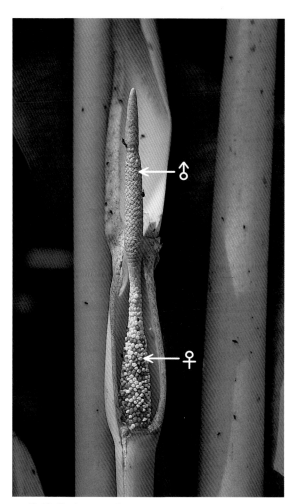

▲ 佛焰花序，雌花位於基部，雄花位於頂部。

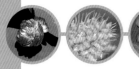

莧菜　*Amaranthus inamoenus* Willd.

【莧科莧屬】

產期：全年

莧（ㄒㄧㄢˋ）菜原產於印度，早年由先民引進，閩南語俗稱「杏菜」。能適應高溫，從播種到採收只需 20 天，是夏天重要的蔬菜。因為生育期短，以一次全株採收為主。

依葉色，可概分為白莧（葉子較黃綠）、青莧（葉子較綠）及紅莧（葉子紅色），以前面兩種較常見。可供炒食、煮湯。

莧菜是營養又好種的蔬菜，根據分析，它的鐵質含量比菠菜豐富，而且不含草酸，吃多了不會有誘發結石的顧慮，尤其以紅莧的營養價值最高。

蔬

菜

▲ 莖葉多汁的莧菜。

▲ 鳥嘴莧。

▲ 莧菜結果。（紅莧）

芹菜　*Apiun graveolens* L.

【繖形科旱芹屬】

產期：全年均有，10-4 月盛產

在古希臘、羅馬時代，芹菜主要是藥用，認為它可以幫助血液循環，也當作香料。後來法國人首先取來當作肉湯的調味料，再漸漸成為蔬菜。

芹菜喜歡涼爽的氣候，一般是秋天播種，冬天或初春採食品質最佳。如果莖梗長高，出現花梗，此時葉柄纖維增粗，就很難入口了。芹菜以食用葉柄為主，幼株時葉片亦可食用。

芹菜可分為「本地種」和「西洋芹菜」兩大類。本地種植株較小，葉柄中空，主要供炒食、煮湯、調味。西洋芹菜植株較粗大，葉柄實心肥厚，清脆多汁，可生吃、炒煮或作生菜沙拉。

蔬菜

▲ 芹菜開花，複繖形花序。

▲ 成株為羽狀複葉。

▲ 西洋芹菜莖梗粗大。（台北北投）

南瓜　*Cucurbita moschata* Duchesne var. *melonaeformis* Makino

【瓜科南瓜屬】

產期：3-10 月盛產

　　南瓜原產於熱帶美洲，因為果肉大多為金黃色，閩南語俗稱「金瓜」。

　　南瓜的品種極多，形狀、大小、顏色、用途各異。蔬菜用的主要是中、小型品種，適合作菜、煮湯。大型南瓜果重雖然可達數十公斤，可惜並不好吃，主要是當作裝飾物。小巧而造型特殊的「玩具南瓜」以觀賞裝飾用途為主。

　　有些品種的南瓜種子烘炒後可當零食，稱為「南瓜子」或「白瓜子」，富含脂肪和鋅質，可預防攝護腺腫脹。南瓜幼嫩的莖葉亦可食用，但風味不如佛手瓜苗（龍鬚菜）。

▲ 南瓜開花，雌雄異花。

▲ 木瓜型南瓜。

▲ 觀賞用大南瓜。（雲林西螺）

茄子　*Solanum melongena* L.

【茄科茄屬】

產期：全年

　　茄子原產於印度，在台灣以屏東縣栽種最盛，栽培面積超過全台之半。由於當地氣候暖和，因此全年都有生產。

　　茄子的品種很多，以果皮顏色區分，有紫色、白色、綠色、橘色等，其中以紫色種最為常見。若依果形區分，最常見的為長條形，另外還有半長條形、圓形、蛋形等。適合煮、炒、烤、煎、烘或煮湯。

　　茄子喜歡高溫多溼，栽培環境日照需充足，而且不宜和茄科作物連作。通常先育苗再定植，結果期很長，定植後須立支柱。

蔬

菜

▲ 茄子開花，淡紫色。

▲ 市場上以長條形茄子最為常見。

▲ 白茄比較不常見。

韭 *Allium odorum* L.

【百合科蔥屬】

產期：全年

　　韭也稱為「韭菜」，幾乎全株上下都可食用。若依照食用部位，可分為「葉用韭菜」、「根用韭菜」、「苔用韭菜」三類。

　　葉用韭菜是菜市場上最常見的品種，可割取葉片，供炒食、煮湯、麵食佐料、包餃子。若經遮光軟化處理，可生產「韭菜黃」。

　　根用韭菜（*A. hookeri* Thwaites）又名寬葉韭，以食用根部（直徑可達 0.6 公分）為主，可供醃漬，嫩葉亦可食用。

　　苔用韭菜的花莖特別粗大，俗稱「韭菜花」，幾乎週年都會長出花莖，可供炒食。

　　韭一年四季都有生產，但以初春時節的品質最佳。台北植物園種植的有葉用韭菜、根用韭菜。根用韭菜係由陽明山的農友贈送。

■ 知識加油站：

　　　　栽培「韭菜黃」時，選用健康的韭菜，加以肥培管理，大約半年的生長後，割去上半部的綠葉，留下 5-10 公分的葉片基部，用不透光之黑布層層覆蓋成隧道狀，中間用鐵架空，切記不能讓陽光穿透。

　　　　夏天時天氣熱，大約三個星期即可採收韭菜黃；冬天較冷，大約 40 天才能採收。

蔬

菜

▲ 葉用韭菜。

▲ 根用韭菜以食用根部為主。

▲ 栽培韭菜黃,用不透光黑布遮住陽光。(彰化竹塘)

萵苣　*Lactuca sativa* L.

【菊科萵苣屬】

產期：1. 嫩莖萵苣：12-3 月

　　　2. 結球萵苣：10-4 月

　　　3. 不結球萵苣：全年

吃漢堡時，麵包中常夾有一片綠色蔬菜，它常常就是萵苣。由於萵苣低熱量，富含維他命Ａ，歐美國家普遍當生菜食用。

萵苣的品種很多，大致可分為食用葉子的「葉萵苣」、食用莖部為主的「嫩莖萵苣」兩大類。

葉萵苣又可分為「結球萵苣」和「不結球萵苣」兩大類，後者俗稱為「Ａ菜」、「媚仔菜」或「萵仔菜」。大多供炒食、煮湯、熱水川燙過後沾醬油、沙拉佐食，少數品種亦適合生食。

嫩莖萵苣的莖部特別肥大，又叫「萵苣筍」、「Ａ菜心」，市面上的「小菜心」罐頭，有一些就是由嫩莖萵苣醃漬做成的。台北植物園栽培的為不結球萵苣。

蔬菜

▲ 不結球萵苣全年均可播種，但以 4-8 月最適宜。

▲ 不結球之皺葉萵苣。

▲ 嫩莖萵苣株高可達 90 公分。（雲林北港）

蕹菜　*Ipomoea aquatica* Forsk.

【旋花科牽牛花屬】

產期：全年

　　蕹（ㄩㄥ）菜的莖中空有節，俗稱為「空心菜」，原產於中國中南部。蕹菜為中國的特產，除了中國大陸和東南亞，其他國家甚少栽培，是一種旱田、水田皆可栽培的兩棲蔬菜。種在水田的，一般稱為「水蕹菜」，宜蘭縣礁溪鄉利用溫泉引水栽培，稱為「溫泉蕹菜」，為當地特產。

　　蕹菜原是一種爬藤植物，如果放任它生長、老化而不加以管理，部分品種的莖枝會越長越長，變成貼地生長或纏繞生長。蕹菜約在 9 月起陸續開花，花朵白色或中心稍帶紫紅色，朝開暮謝，習性頗似牽牛花。

蔬菜

▲ 小葉種蕹菜，葉形較細長。

▲ 蕹菜開花。

▲ 水蕹菜。（花蓮區農業改良場蘭陽分場）

蠶豆　*Vicia faba* L.

【豆科蠶豆屬】

產期：1-4 月

蠶豆也稱為馬齒豆，原產於非洲北部、地中海東岸到裡海一帶之間，張騫通西域時傳入中國，古稱為「胡豆」，因豆莢形似老蠶，故又名蠶豆。

蠶豆喜歡冷涼的氣候，以 10 月前後播種最佳。新鮮的豆粒可以煮湯、炒食，風味頗似萊豆（皇帝豆）。當枝葉枯黃，果莢黑熟時採下，可剝取乾豆，油炸後加入蒜泥調味，稱為蠶豆酥或蠶豆花，為雲林北港的名產。乾豆亦可孵成「蠶豆芽」當作蔬菜。

台北植物園的蠶豆種子係由台灣大學農場人員親自送達，十分感謝！

蔬

菜

▲ 蠶豆開花，帶有紫色花紋。

▲ 成熟的豆莢及種子。

▲ 鮮嫩的豆莢。

牛蒡　*Arctium lappa* L.

【菊科牛蒡屬】

產期：2-4 月

　　牛蒡（ㄅㄤˋ）原產於中國、西伯利亞和歐洲等溫帶地區，早期由日本引進台灣。由於軸根深入土中達 40-150 公分不等，適合在土層深厚鬆軟、排水良好的地方種植，產地以台南縣七股、佳里等鄉鎮為主，9-10 月播種繁殖最佳。

　　牛蒡富含蛋白質、纖維素、鈣、鐵、鉀、維他命 B、C 等養分，營養豐富，深受日本人喜愛。台灣的牛蒡以外銷日本為主，少數供內需。根部採收後經過清洗、分級，剔除畸形、分叉、斷裂或大小不一者，即可冷藏或加工利用。切片後可加水煮成牛蒡茶，屏東地區有將其製成牛蒡冰棒者，風味頗佳。

蔬
菜

▲ 牛蒡的葉長可達 50 公分。

▲ 農夫收穫牛蒡。（台南佳里）

▲ 專業栽培的牛蒡。（台南佳里）

蘆筍　*Asparagus officinalis* L. var. *altilis* L.

【百合科天門冬屬】

產期：3-11 月

　　蘆筍也稱為「石刁柏」，屬於根莖類作物，食用部位為嫩芽，栽培地點需要疏鬆深厚且排水良好的土壤，目前以彰化平原一帶種得最多，栽培面積超過全台的 40%。

　　依栽培方式不同，嫩芽尚未出土（接觸陽光）之前，葉綠素尚未形成，此時採收稱為「白蘆筍」。白蘆筍甘甜細嫩，早期曾製成罐頭外銷歐洲，產量占世界第一位。若嫩芽鑽出土面，陽光照射變作綠色，稱為「綠蘆筍」，可炒食或削皮後加工成蘆筍汁。目前台灣以生產綠蘆筍為主，管理較為方便，營養價值也比白蘆筍豐富。市場上另有從國外進口的綠蘆筍。

　　蘆筍以播種繁殖為主，若管理得宜可連續生產十年或更久。

▲ 蘆筍露天栽培。（彰化溪湖）

▲ 白蘆筍與綠蘆筍。（彰化溪湖）

▲ 蘆筍的雄花。

蔬

菜

絲瓜　1. *Luffa acutangula* (L.) Roxb.（稜角絲瓜）

　　　　2. *L. cylindrical* (L.) M. Roem.（絲瓜）

【瓜科絲瓜屬】

產期：1. 稜角絲瓜：全年

　　　　2. 圓筒絲瓜：4-9 月為主

　　絲瓜依果面稜角的有無，可分為「圓筒絲瓜」和「稜角絲瓜」。圓筒絲瓜可能是一般農家最普遍栽培的瓜類，也稱為「菜瓜」，果肉較厚，纖維通常較粗，嫩熟時可當蔬菜，老熟時瓜瓤成纖維狀，晒乾後可當作菜瓜布。

　　稜角絲瓜因為較不耐潮溼，早年以澎湖種得較多，所以也叫「澎湖菜瓜」，目前台灣本島也普遍栽培。稜角絲瓜的品質亦佳，但老熟後不適合當菜瓜布。

　　當絲瓜產期結束時，將莖蔓切斷插入瓶中，可源源不絕的流出汁液，收集起來稱之為絲瓜水（絲瓜露），為天然的化妝水。

▲ 剛發芽的絲瓜。

▲ 一般所說的絲瓜屬於圓筒絲瓜。

▲ 稜角絲瓜的果面有十個稜。

豇豆　*Vigna sesquipedalis* (L.) Fruwirth

【豆科豇豆屬】

產期：4-9 月盛產，10-3 月淡產

　　豇（ㄐㄧㄤ）豆就是閩南語俗稱的「菜豆」，是常見豆類中果莢最長的。因為栽培容易，耐熱耐濕亦稍耐旱，各地均有種植，是夏季的重要蔬菜。

　　若依照果莢的長短，可分為「長豇豆」及「短豇豆」。長豇豆比較脆嫩好吃，是主要的栽培品種；短豇豆多半取種子當作雜糧用。若依照植株的形態，長豇豆可以再分為蔓性品種（蔓藤狀）及矮性品種（直立叢生狀，株高 40-60 公分），其中以蔓性品種的生長期較長，產量較高，幾乎每天均可採收，栽培最為普遍。

　　台中區農業改良場、農業試驗所均曾寄贈數個品種的豇豆給本園，將分次種植，以饗遊客。

蔬菜

▲ 矮性豇豆栽培較少，栽培時不須立支架。

▲ 豇豆開花，白色或淡紫色。

▲ 莢果長 30-90 公分。

95

薤　*Allium chinense* Don.

【百合科蔥屬】

產期：4-7 月盛產

　　薤（ㄒㄧㄝˋ），閩南語俗稱「蕗蕎」。早期由先民傳入台灣，歐美國家較少栽培、食用。

　　薤性喜冷涼，以 10-11 月種植最佳。全株有特殊氣味，嫩莖葉可供炒食。進入夏天氣溫升高，葉子凋萎且生長停止，鱗莖進入休眠，此時可連根拔起，將鱗莖置於室內吊掛成束，避免陽光直射或淋雨，等待秋季再種植。薤的鱗莖可鹽漬、醋漬，風味極佳。亦可炒食。

▲ 鱗莖灰白色或紫紅色。

▲ 繖形花序，但開花後幾乎不結果。

▲ 多年生，株高約 30-60 公分。

茭白筍　*Zizania latifolia* (Griseb.) Turcz. ex Stapf

【禾本科菰屬】

產期：5-11 月

　　茭（ㄐㄧㄠ）白筍也稱為「茭白」，古時候稱為「菰」，最初栽培是食用其種實，類似稻米，稱為「菰米」，但產量不高，一般平民是吃不起的。後來有人發現茭白的嫩莖內部若被黑穗菌寄生者，嫩莖就會不斷肥大形成菌癭，產生潔白柔軟的筍狀物，故名茭白筍。

　　茭白筍的產地集中在南投縣埔里鎮，於冬至前後至 2 月初種植，3-6 月或 9-10 月各收成一季。台北三芝、金山一帶的茭白筍則於 3-4 月種植，秋天收成。

　　專業栽培的茭白極少開花，通常只有一、兩株因為黑穗菌不能寄生而能開花。開花的茭白即不孕筍（嫩莖不會肥大），農民習稱為「公株」（花序上仍有雌花，植物學上屬於雌雄同株），沒有經濟價值，多半會被挖除。

蔬

菜

▲ 農友採收茭白筍。（台北三芝）

▲ 茭白開花，為雌雄同株異花。

◀ 茭白孕筍，也有人稱它為「美人腿」。

菜豆　*Phaseolus vulgaris* L.

【豆科菜豆屬】

產期：11-5 月盛產，6-10 月淡產

　　菜豆就是閩南語俗稱的「敏豆」，為美洲最廣為鮮食的豆類作物，因為四季都有生產，也叫「四季豆」。在台灣以屏東縣種得最多。

　　菜豆的品種極多，若依果莢顏色區分，有綠莢、黃莢或紫莢等；若依食用方法，可分為嫩莢用、嫩豆粒用或乾豆用；若依植株外型，又分為矮性品種（莖直立）、蔓性品種（莖彎曲纏繞）。市場上以綠莢、嫩莢用、蔓性品種最常見。

　　近年來流行種植的「粉豆」（醜豆）也是菜豆的一種，豆粒部位明顯凸出，外觀較醜，但肉質較厚較軟，產量較高也較好吃，栽培情形越來越多。

　　農業試驗所曾寄贈數個品種的菜豆種子於本園，植物園將陸續栽種展示。

蔬菜

▲ 蝶形花，白色或粉紅色。

▲ 菜豆結莢，約每隔 2 天採收一次。

▲ 蔓性菜豆，栽培時需立支柱。

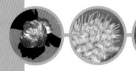

蓮　*Nelumbo nucifera* Gaertn.

【蓮科蓮屬】

產期：1. 蓮子：7-1 月

　　　2. 蓮藕：6-10 月

　　蓮可能原產於印度、中南半島或中國。古稱「芙蕖」，全株有氣孔相連，故又名為「蓮」，花稱為「芙蓉」，現在則通稱為「蓮花」或「荷花」。地下莖粗大者稱為「藕」，細長者為「蔤（ㄇ一ˋ）」，花謝後形成蜂窩狀的「蓮蓬」，內有果實，稱為「蓮子」。

　　蓮可觀賞、食用並入藥。若依照用途，可分為三：一、採收蓮子為主的「子蓮」，品種以「見蓮」為主。二、採收蓮藕的「藕蓮」，品種為「廣東白花」。三、觀賞為主的「花蓮」。子蓮亦可採藕，但藕細小，大多用來製粉，或切片曬乾泡茶，台南白河為著名產地。藕蓮極少開花，嘉義民雄為著名產地。花蓮的品種最多，花色有白色、粉紅色、深粉紅色等，花瓣有單瓣、重瓣之分，亦有迷你品種，可種於水缸。

▲ 蓮幼苗。

▲ 迷你觀賞蓮（花蓮）。

▲ 子蓮的藕較細小，適合製粉。（台南白河）

金針菜　*Hemerocallis fulva* (L.) L.

【百合科萱草屬】

產期：8-10 月盛產

　　金針也稱為「萱草」，自古以來就是代表母親的花卉，當我們給長輩拜壽時會說「椿『萱』並茂」，萱就是指金針。

　　金針可分為「食用」及「觀賞用」兩大類。食用種又稱為金針菜，主要是黃花品種，專業栽培集中於台東太麻里山、花蓮玉里赤科山、富里六十石山。在花朵綻放之前，花蕾緊閉、末稍呈綠色時即應採收，花朵展開即失去食用價值。少數供鮮食，大多加工乾製，供應期長達全年。

　　觀賞用金針的品種至少有二萬種，花期 4-6 月為主。

蔬
菜

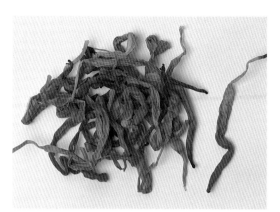

▲ 金針乾製品。

▲ 食用種金針。

▲ 金針花蕾。

莙菜　1. *Beta vulgaris* L. var. *cicla* L.（葉用莙菜）

　　　2. *B. vulgaris* L. var. *cruente* Alef.（根用莙菜）

【藜科莙菜屬】

產期：9-5 月盛產

莙（ㄐㄩㄣ ˊ）菜原產於南歐，有許多的栽培變種。

台灣最常見的為葉用莙菜，俗稱為「厚末菜」，早期的農家常用來餵豬。由於莙菜的病蟲害不多，栽培時很少噴農藥，而且含有大量的維他命 A、B1、B2、C、鈣質、鐵質等，常吃有助於造血補血，強化骨骼、牙齒，促進毛髮烏黑，美化肌膚，是一種營養豐富的蔬菜。

「根用莙菜」的根部因為含有花青素，所以呈紅紫色，在高冷地種植時根部的甜度很高，有人稱它為甜菜。但真正製糖用的甜菜（*B. vulgaris* L. var. *saccharifera* Alef.）根部富含蔗糖，外形有一點像蘿蔔，早期台灣也曾經試種，但後來沒有繼續推廣。

葉用莙菜以秋季播種較佳。

蔬
菜

▲ 根用莙薘菜的葉柄、葉脈和根部都帶有
　紅紫色。（台北北投）

◀ 葉用莙薘菜（厚末菜）。

▲ 葉用莙薘菜結果。

菱角　*Trapa bicornis* var. *taiwanensis* (Nakai) Xiong

【菱科菱屬】

產期：9-11 月

菱角也稱為「菱」，以嘉南平原種得最多，台南官田為最著名產地。

菱為浮葉性水生植物，綠葉紅柄，以栽培於陽光充足的水池中，並保持水質稍微流動為最佳，是觀賞、食用皆宜的植物。

依果實「角」的數目，可分為「二角菱」及「四角菱」。市場上以二角菱為主。種子（即剝殼後的白色部分）富含澱粉，生食略甜，煮熟後乾鬆而帶粉質。

台北植物園於「民生植物區」前方的小水池有栽培二角菱及四角菱。

蔬
菜

▲ 菱角發芽。

▲ 台灣栽培的幾乎都是二角菱。

▲ 水田栽培的菱角。

枸杞　*Lycium chinense* Mill.

【茄科枸杞屬】

產期：10-5 月（葉用枸杞）

　　枸杞原產於華中及華南，自古以來就是有名的藥用植物。台灣各地零星栽培。

　　枸杞全株都可入藥。春夏採葉，夏秋採莖和果實，冬天掘根。其中以晒乾的果實「枸杞子」為主要的藥用部分，具有明目、補腎、滋肝等療效，為冬令進補、燉雞、蒸鰻、泡藥酒所必備。台灣的枸杞只零星開花結果，所需藥材都是由中國大陸進口。

　　近年來台灣推廣的枸杞品種以採收嫩葉為主，稱為「葉枸杞」。枸杞葉富含維他命及胡蘿蔔素，適合炒蛋、煮菜湯，常吃可以清肝明目，防止便秘。晒乾後可代替茶葉沖泡飲用。

蔬

菜

▲ 曬乾後的果實味道變甜。

▲ 漿果，生食略帶苦味。

▲ 花冠五裂，淺紫色。

茼蒿　*Chrysanthemum coronarium* L.

【菊科菊屬】

產期：10-4 月

　　茼蒿（ㄏㄠ）是吃火鍋、湯圓時常備的蔬菜。原產於南歐地中海沿岸一帶，原本是歐洲庭園中的觀賞花卉，傳入中國後一變成為美味的桌上佳餚。茼蒿多半在 9-11 月播種，冬至前後產量最高，夏天平地太熱，不適合茼蒿生長。

　　茼蒿富含維他命 A、纖維質和礦物質，並有特殊香味，適合炒食、煮湯，沖泡速食麵時如果加入幾片茼蒿亦極為好吃。茼蒿的葉子富含水分，下鍋遇熱後迅速失水萎縮，一大把下鍋卻只剩一小盤上桌，相傳曾有人懷疑是妻子偷吃而出手打老婆，故又名「打某菜」。

　　茼蒿生長快、產量高，採收上端的嫩莖葉，留下基部的莖枝讓它再度萌芽，即可重複採收。

蔬菜

▲ 植株有特殊香氣。

▲ 茼蒿開花。

◀ 裂葉茼蒿。（台北北投）

花椰菜　　*Brassica oleracea* L. var. *botrytis* L.

【十字花科蕓薹屬】

產期：10-4 月

　　花椰菜原產於南歐地中海沿岸一帶，在台灣以彰化縣種植最多，栽培面積約占全台之半。

　　當花椰菜生長出 21 片葉子左右時，形成白色的花蕾，連同花梗都可食用，適合炒食，富含維他命 C 及硫磺質。為了確保花球白嫩，農夫常會把花椰菜的葉子向上反折但不折斷，或用不透光油紙蓋住花球，預防日晒變黃。當花球發育到最大而仍緊密、細緻時就該採收。如果讓花梗繼續長高、分散、開花，就失去商品價值了。

　　花椰菜喜歡涼爽的氣候，8-11 月播種最佳。

蔬菜

▲ 花椰菜的花球。

▲ 花四瓣，黃色。

▲ 花椰菜的葉形較長，葉面稍有光澤和蠟粉。

菠菜　*Spinacia oleracea* L.

【藜科菠菜屬】

產期：10-5 月，（高冷地 6-9 月）

　　菠菜原產於高加索至伊朗一帶，可能是由頗稜國（古波斯）引進，古名菠稜菜或波斯，閩南語諧音稱為「飛龍菜」。

　　菠菜喜歡涼爽的氣候，平地栽培以 9-12 月播種為宜。菠菜含有豐富的鐵質，連根帶葉一起煮豬肝湯，可以幫助造血。富含維他命 C，主要存在於葉片中，須趁新鮮煮食才不易流失。維他命 A 含量僅次於胡蘿蔔，草酸含量高居蔬果類之冠，有腎臟毛病的朋友一次不可吃太多。

蔬

菜

▲ 剛發芽的菠菜。

▲ 圓葉種菠菜，葉子長橢圓形。

▲ 雌雄異株，此為雌花。

117

山藥　　*Dioscorea* spp.

【薯蕷科薯蕷屬】

產期：10-12 月

　　市場上所說的山藥，是指薯蕷屬中塊莖可供食用的數種作物。若依照塊莖的外形，可分為「塊狀山藥」和「長形山藥」兩大類，通常以後者的食用口感較細緻，市場售價較高，栽培情形較普遍。

　　山藥富含澱粉、蛋白質，煮熟後入口即化為粉狀，營養豐富又容易消化吸收。適合生食、炒食、煮食，或製成甜食、鹹食、煮粥或燉排骨，尤以連皮煮食的營養價值較高。

蔬菜

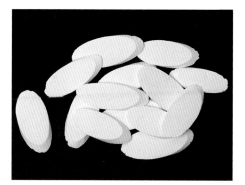

▲ 中藥材使用才能稱為「淮山」，當蔬菜只能稱為「山藥」。

▲ 地下莖依品種不同，長形或塊狀，重 2-6 公斤不等。

▲ 大薯俗稱「柱薯」，為多年生草質藤本。

鴨兒芹　*Cryptotaenia japonica* Hassk.

【繖形科鴨兒芹屬】

產期：10-3 月盛產

　　鴨兒芹因葉片形似鴨掌而得名，山產店或市場上俗稱為「山芹菜」，是一種由來已久但近來才大受歡迎的新興蔬菜。

　　鴨兒芹原產於亞洲溫帶地區，台灣部分濕潤山區也有野生，早期先民及原住民朋友已知採集食用，近年來需求量大，人工種植面積日增。柔軟的莖葉富含香氣，適合炒、煮、沙拉或沾麵糊油炸，風味特殊。

　　鴨兒芹喜歡涼爽濕潤的氣候，8 月至翌年 3 月播種或分株繁殖較佳。

蔬菜

▲ 夏天時天氣熱，適度遮光可使品
　質提高。

▲ 鴨兒芹開花。

▲ 鴨兒芹也稱為山芹菜。

胡蘿蔔　*Daucus carota* L. var. *sativa* DC.

【繖形科胡蘿蔔屬】

產期：12-4 月

　　胡蘿蔔原產於阿富汗一帶。最初的胡蘿蔔以黑紫色為主，後來才培育出富含胡蘿蔔素的品種，根部呈橘紅色。元朝時從西域引進中原，因為形似蘿蔔，故名「胡蘿蔔」。日治時代傳入台灣，俗稱「紅蘿蔔」。雖然蘿蔔和胡蘿蔔的根部外型相似，但其實在植物分類上它們倆並沒有親緣關係。

　　在涼爽的溫帶地區，胡蘿蔔是春天播種，秋天採收。由於台灣的氣候較熱，大多在秋天播種，冬或春天採收，耐冷藏，因此全年有售。胡蘿蔔可生食、涼拌、炒食、榨汁、煮湯或醃漬，營養豐富。

蔬菜

▲ 胡蘿蔔生長情形。

▲ 低溫刺激下容易開花，複繖形花序。

▲ 胡蘿蔔為二回羽狀複葉。

甜荸薺　*Eleocharis dulcis* (Burm. f.) Trin. ex Henschel var. *tuberosa* (Roxb.) T. Koyama

【莎草科荸薺屬】

產期：12-1 月

　　甜荸薺是野生荸薺的栽培變種，一般俗稱「荸薺」、「地栗」，以往主要分布在北部水田，例如昔日的台北市 公圳四周圍栽培頗多，後來水田消失，甜荸薺不復栽培。近年來幾乎只產於嘉義水上附近。

　　甜荸薺為水生植物的一種，須生長於水深 2-5 公分的水田中。到了秋天，日照時數變短，晝夜溫差加大，球莖開始肥大。年底球莖成熟，將田水放乾，地上莖葉枯乾，就可以採收球莖了。削皮後可生食、炒食、煮湯或絞碎後混合魚漿作成魚丸。

蔬菜

▲ 左：清洗去泥　右：削皮即可食用。

▲ 甜荸薺開花。

◀冬季莖稈枯黃，進入採收期。（嘉義水上）

豌豆　*Pisum sativum* L.

【豆科豌豆屬】　產期：12-3 月盛產

　　豌（ㄨㄢ）豆原產於南歐、中東到中亞一帶。據台灣通史記載，豌豆「種出荷蘭，花有紅、白二種，冬時盛出」，閩南語習稱「荷蘭豆」。目前以彰化縣栽培最多。除供內需，亦可外銷日本、香港。

　　豌豆的品種極多，其中以食用嫩豆莢的「莢豌豆」及「甜豌豆」，以及食用種子的「熟豆」為常見。莢豌豆的豆莢扁而軟，兩側撕去筋絲後即可炒食。甜豌豆的豆莢飽滿、清脆甜嫩，適合生食或炒食。熟豆的豆莢較硬，種子大而圓，大多剝取種子鮮食、冷凍加工、製罐頭或烘製「翠果子」當作零食。另有專門採收嫩梢的「豌豆苗（尖）」品種，以及專門採收幼苗的「豌豆芽（嬰）」品種。

　　豌豆喜歡涼爽的氣候，以 8 月至翌年 1 月播種最佳。台中區農業改良場曾於 92 年寄贈數種豌豆。

■ 知識加油站：

　　　　19 世紀時，奧地利人孟德爾在修道院中利用豌豆進行人工雜交，發現了遺傳學上著名的「孟德爾定律」：將紫花豌豆和白花豌豆雜交，其後代第一代都開紫花。

　　　　將第一代紫花豌豆再進行互相雜交，第二代才會開出白花。這個發現為後來的遺傳學奠定了發展的基礎。

▲ 豌豆開花。

▲ 甜豌豆的豆莢飽滿。

◀ 莢豌豆的豆莢較扁。

紫花苜蓿　*Medicago sativa* L.

【豆科苜蓿屬】

應用期：全年均可

　　紫花苜蓿也稱為「紫苜蓿」，是苜蓿的一種，傳入阿拉伯後名為 alfalfa，意思是「馬的飼料」。目前世界各洲均有栽培，其乾草產量居豆科牧草之冠，富含蛋白質、微量元素和多種維他命，營養豐富，有「牧草之王」的美稱。

　　紫花苜蓿於張騫通西域時，和大宛馬一起傳入我國，為宮廷御馬的飼草。後來流入民間，成為飼草、綠肥等多用途作物。鮮草每年可割取 2-6 次，乾草經過脫水，製成草磚或草粉，為牛隻喜食。

　　在台灣，紫花苜蓿主要當作綠肥，近年來流行以苜蓿芽可打汁或作生菜，嫩葉可當蔬菜。台北植物園的紫花苜蓿種子係由台中區農業改良場寄贈，可自行播種，果實螺旋形，造型奇特。

牧草與綠肥植物

▲ 紫花苜蓿幼苗。

▲ 園區內於多肉植物區亦可發現同屬的天
　藍苜蓿（*M. lupulina* L.）。

▲ 蝶形花，淡紫色。

油菜　*Brassica campestris* L.

【十字花科蕓薹屬】

應用期：1-3 月

　　油菜原產於歐洲，目前廣泛栽種於世界各大洲，主要用途是取種子（菜籽）榨油，俗稱為「菜籽油」，由於芥酸含量較高，人體不易吸收消化，且營養價值低，主要作工業用途。

　　在台灣，油菜主要是當作綠肥。通常在二期稻收割後下種，任其長大開花，明年度春耕時再翻埋入土，腐爛後化作為肥分。而開花時一片金黃色的花海，常成為生態旅遊的焦點。

　　油菜未開花時可當蔬菜，長大開花後，花朵多，花期長，花朵中含有豐富的花粉和花蜜，是蝴蝶、蜜蜂的最愛，也是冬天最佳的蜜源之一。

牧草與綠肥植物

▲ 油菜植株。

▲ 油菜花海。（嘉義竹崎）

▲ 油菜的長角果。

埃及三葉草　*Trifolium alexandrinum* L.

【豆科菽草屬】

應用期：2-3 月

　　埃及三葉草為三葉草（菽草）的一種，為埃及最重要的飼料作物之一，故名。植株柔軟多汁，可作為牛、馬的青飼料，亦可和苜蓿或禾本科牧草混合種植。

　　埃及三葉草是新進推廣的綠肥作物，主要於冬季水稻休耕時栽培，亦可種於果園或山坡地。由於莖枝較直立，覆蓋面積狹小，種植期間較易長出雜草。通常開花時即可翻埋入土。植株清麗，花姿潔白，亦可當觀賞植物欣賞。

　　引進的同類植物還有紅花三葉草（紅菽草，*T. pratense* L.）和白花三葉草（菽草，*T. repens* L.），以中海拔地區較常見。台北植物園於 92 年 10 月 16 日，播種埃及三葉草，同年 12 月 8 日開出第一朵花，第二年 3 月底翻埋入土。種子由台中區農業改良場提供。

牧草與綠肥植物

▲ 平地栽培的主要是埃及三葉草。

▲ 紅花三葉草的分布範圍比白花三葉草略少。
（台大）

▲ 白花三葉草在部分山區已經逸化野生。（阿
里山）

苕子　*Vicia dasycarpa* Ten.

【豆科蠶豆屬】

應用期：2-3 月

　　苕子原產於歐洲，引進台灣後以中部一帶種得較多，是新進推廣的綠肥作物。

　　苕子於 10-2 月播種最佳，適合稻田或山坡果園栽植，初期生長較慢，長成後莖枝成蔓性（有支撐時）或匍匐狀（無支撐時），覆蓋效果極佳。1-4 月開花，紫紅色的花朵柔美而成串，可美化田園景觀。通常開花時即可翻埋入土，此時的植株柔軟多汁，營養成分也較高，容易切割成段，掩埋後容易腐解。在國外，亦有用苕子作牧草。

　　和埃及三葉草一樣，種子由台中區農業改良場贈送，92 年 10 月 16 日播種，並於 10 月 16 日發芽。可自行播種，但結果率不高。

▲ 葉端有卷鬚，具有固定的作用。

▲ 匍匐狀或蔓生，全株光滑。

▲ 柔美的總狀花序，紫紅色。

牧草與綠肥植物

135

黃花羽扇豆　*Lupinus luteus* L.

【豆科羽扇豆屬】

應用期：2-4 月

　　黃花羽扇豆是羽扇豆的一種，原產於南歐地中海沿岸一帶。

　　羽扇豆也稱為「魯冰花」，為拉丁語 lupus（狼）的音譯，意思是說這一類的植物會糟蹋地力。但事實正好相反，因為它們的根部有根瘤菌共生，有固氮作用，可當作綠肥。羽扇豆共有數百種，花朵白、黃、藍、紫等色均有，色彩豐富，歐美國家造園上經常應用。黃花羽扇豆是其中栽培較多的一種，因為耐瘠耐酸，適合作為北部茶園的綠肥作物，並兼具美化景觀之效。喜歡冷涼，9-10 月播種較佳。

▲ 藍色花的羽扇豆。

▲ 黃花羽扇豆的莢果於 3-4 月成熟。

▲ 黃花羽扇豆也稱為「魯冰花」。

紫雲英　*Astragalus sinicus* L.

【豆科紫雲英屬】

應用期：3-4 月

　　紫雲英也稱為「翹搖」，原產於秦嶺、淮河以南地區，是冬季重要的綠肥作物。早年由中國大陸引進，但目前種得很少，部分地區馴化野生。

　　紫雲英以 9-11 月播種最佳。通常於盛花期或插秧前 10-20 天翻埋入土，任其腐解。亦可當作飼料或牧草。嫩莖葉可當蔬菜。花姿柔美，可供觀賞。富含蜜液，可當作蜜源植物。花謝後可自行播種，或存留土中，天氣轉涼時自然萌發。

　　台北植物園曾栽培紫雲英。筆者曾兩次寄送種子至台中區農業改良場，但該區連續兩年試種均未成功，可能是氣候因素所致。

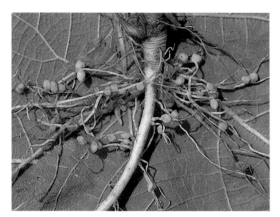

▲ 根部會形成根瘤，內有根瘤菌共生。

▲ 羽狀複葉，小葉常帶紅紫色。

▲ 花 7-11 朵輪生。

牧草與綠肥植物

胡麻　*Sesamum orientale* L.

【胡麻科胡麻屬】

產期：5-6 月、12-1 月

　　胡麻是最古老的油料作物之一，張騫通西域時由大宛傳入，稱為胡麻，一般稱為「芝麻」。目前台灣以台南縣栽種最多。

　　依種子顏色，胡麻常分為「黑芝麻」和「白芝麻」。台灣栽培的以黑芝麻為主，主要用來搾油，稱為「麻油」，油質清澈，性熱，產婦坐月子時常用麻油加米酒燉雞，有滋補之效。白芝麻通常炒食，或脫皮後當作糕餅、麵包、糖果餡料，或磨製成「香油」以供調味。

　　胡麻的花期很長，花朵中富含蜜液，為養蜂最佳蜜源作物之一。

油料與糖料植物

▲ 花白色或稍帶粉紅。

▲ 成熟裂開的白芝麻。

▲ 蒴果，有稜。

向日葵　　*Helianthus annuus* L.

【菊科向日葵屬】

產期：11-2 月、4-5 月

　　向日葵也稱為「葵花」，原產於美國西部、墨西哥。

　　依其用途，可分為「油用」、「食用」、「觀賞用」三大類。國際間以榨油用途為主。

　　油用向日葵適合於 9-11 月播種，其植株較矮，果實較小，含油量較高，適合榨葵花油。食用向日葵的植株較高，果實較大，可當作家禽飼料，或烘烤成「葵瓜子」當作零食，或孵成幼苗蔬菜。台灣的向日葵以觀賞用途（切花、盆花）為主，為配合稻田轉作、休耕，近年來也推廣當作景觀植物、綠肥種植。（所有的向日葵品種都可供觀賞，亦可當蜜源植物。）

　　台北植物園曾向台灣大學農場、台中區農業改良場交換向日葵種子，有機會將分批種植。

▲ 左：油用向日葵
　 右：食用向日葵。

▲ 管狀花（內側）及舌狀花（外
　 側）。

▲ 油用向日葵。

油料與糖料植物

143

甘蔗　*Saccharum officinarum* L.

【禾本科甘蔗屬】

產期：1. 白甘蔗：11-4 月

　　　2. 紅甘蔗：全年均有，10-12 月盛產

甘蔗是世界上最重要的製糖作物，在荷蘭人據台時期即有蔗糖生產，日治時代更是大量外銷，經濟價值曾僅次於稻米。

依用途，甘蔗可以分為「製糖用甘蔗」及「生食用甘蔗」。前者即一般所稱的「白甘蔗」，肉質較硬，糖度較高，冬季時開始採收，經過切段、壓榨、清淨、濃縮及結晶等過程，可得粗糖，再加以精製，即為精糖。

生食用甘蔗即一般所稱的「紅甘蔗」，皮脆肉軟、汁多糖低、風味佳，適合生食。「民生植物區」種植的屬於製糖用甘蔗。筆者於 92 年 11 月初與台糖公司交換甘蔗種子一小包，11 月 7 日播種，11 月 10 日發芽，至 93 年 7 月底止，苗高已達 70 公分。

油料與糖料植物

▲ 製糖用甘蔗機械採收。（嘉義大林）

▲ 莖叢生直立，高 2-3 公尺。（嘉義番路）

▲ 製糖用甘蔗於冬季開花。（嘉義大林）

145

香辛調味料植物

芫荽　*Coriandrum sativum* L.

【繖形科芫荽屬】

產期：全年均有

　　芫荽原產於南歐地中海沿岸，張騫通西域時傳入我國，稱為「胡荽」，後來改名為芫荽。因為全株富含揮發性的香氣，一般俗稱為「香菜」。

　　芫荽是一種重要的香辛料植物。在東亞國家，主要是利用新鮮的莖葉做為裝飾用配菜或烹飪用調味料。在歐美國家，以利用種子為主，大多提煉香料，應用在香腸、麵食、糖果等食品上。在印度，芫荽的種子是咖哩的原料之一。

　　芫荽因為揮發性油的含量高，最好不要一次使用太多。

▲ 花五瓣，白色或粉紅色。

▲ 芫荽結果。

▲ 成熟植株為二回羽狀複葉。

香辛調味料植物

羅勒　*Ocimum basilicum* L.

【唇形科羅勒屬】

產期：全年均有

　　羅勒因為花序層層相疊如寶塔狀，俗稱為「九層塔」。品種很多，包括大葉羅勒、細葉羅勒、甜羅勒、紫葉羅勒、檸檬羅勒等，近年來花市業者又不斷引進新的品種，運用範圍廣泛，有「香草之王」的美稱。

　　一般農家種植的羅勒，通常依照莖枝顏色，分為「紫莖（紅梗）品種」和「綠莖（白梗）品種」。羅勒性喜溫暖，栽培環境日照、排水須良好，春至夏季播種或扦插繁殖。適度採收可促進分枝，提高產量。

　　羅勒富含維他命 A、C、鈣質、鐵質等營養成分及香味，可用於去腥、調味。生長多年之後，莖枝和根部會變粗變硬，掘起來曬乾可當中藥。

▲ 紫莖（紅梗）品種羅勒開花。

▲ 大葉羅勒。

▲ 羅勒專業栽培。（雲林虎尾）

香辛調味料植物

大蒜　*Allium scorodoprasum* L. var. *viviparum* Regel

【百合科蔥屬】

產期：2-4 月

　　大蒜也稱為「蒜」，原產於中亞西部，目前全台都有種植，以雲林縣為最大產地。

　　大蒜幾乎全株都能食用。柔軟的莖葉稱為「青蒜」，花梗稱為「蒜苔」，鱗莖稱為「蒜球（蒜頭）」。大蒜即使抽出花梗了，也不開花結籽，須以蒜瓣分株繁殖。等莖葉枯黃，就可以採收蒜球了。

　　大蒜因為含有揮發性硫化物，有一股異味，自古以來就是重要的香辛蔬菜。青蒜可以炒食或當作調味料。蒜球可加工成醃漬品、蒜粉、蒜頭精。蒜苔味美，可以入菜。據說當初建築金字塔的古埃及人，就是常吃大蒜以消除疲勞、恢復體力。

▲ 花梗上形成的珠芽。

▲ 大蒜植株。

▲ 蒜球於種植後約 150 天即可採收。

香辛調味料植物

紫蘇　*Perilla frutescens* (L.) Brit.

【唇形科紫蘇屬】

產期：3-8 月盛產，9-2 月淡產

　　紫蘇自古以來就是芳香調味料，並可入藥。品種不多，若依照葉片的顏色，常見的有「紅紫蘇」和「青紫蘇」，其中以前者栽培較為普遍，種子散落後極易發芽成苗，部分地區也有野生。紫蘇全株都有清香味，嫩莖葉以開花前採收較佳，適合炒食（可去腥味）、油炸、製果醬、醃漬紫蘇梅（可防腐、殺菌）。

　　紫蘇通常在 7 月起大量開花。花謝後約一個月種子成熟，收集曬乾後稱為「蘇子」，可提煉香油、調味料，並有化痰之效。花朵蒸餾出香精，可作為化妝品、牙膏之香味原料。

　　紫蘇可於春或秋季播種，或挖取自然萌發的幼苗另外培育。

▲ 青紫蘇幼苗。

▲ 紅紫蘇栽培較為普遍。

▲ 青紫蘇的一種。

香辛調味料植物

153

薑　*Zingiber officinale* Rosc.

【薑科薑屬】

產期：1. 嫩薑：5-10 月

　　　2. 老薑：9-3 月

薑是古老的藥用植物及香辛調味料。地下莖依成熟度的不同，分為「嫩薑」、「粉薑」及「老薑」。

初生的地下莖成乳白色，帶有粉紅色的鱗片，纖維不多，稱為嫩薑或「菜薑」。適合生食、醃漬。

嫩薑日益肥大，變成淡褐色，稱為粉薑。如果繼續生長，直到葉片乾枯、地下莖纖維變粗，稱為老薑或「薑母」，此時辣味最強，所以「薑是老的辣」。適合煮薑母茶、薑母鴨，做成薑餅或釀製薑酒，或製成薑粉，薑粉是咖哩的原料之一。

薑含有揮發性的薑油酮及薑油酚，所以辛辣而芳香，對血液循環有刺激作用，登山的朋友在休息時都喜歡煮薑母茶添加紅糖，可補充熱量並預防失溫。

香辛調味料植物

▲ 地下莖生長情形。

▲ 薑開花。

▲ 植株高 0.6-1 公尺。

蔥　*Allium fistulosum* L.

【百合科蔥屬】

產期：1. 北蔥：6-11 月

　　　2. 四季蔥：10-6 月

　　在中國北方各省，蔥和蒜都是家常蔬菜；在華南，蔥主要是當作調味料。在台灣，蔥一年四季都有生產，以雲林縣為最大產地。

　　蔥的品種以「北蔥」及「四季蔥」較為常見，其中以四季蔥的品質較佳，為宜蘭縣的名產。蔥的食用部位是葉子，分為葉鞘及葉身兩部分。白色似莖梗的為葉鞘所組成之「蔥白」，葉身呈圓筒狀中空，也就是綠色的部分。葉鞘和葉身均可用來調味。

▲ 蔥為重要的香辛調味料。

▲ 北蔥開花。

◀ 北蔥以種子繁殖。

香辛調味料植物

辣椒　*Capsicum annum* L. var. *acuminatum* Fingerh.

【茄科辣椒屬】

產期：12-6 月盛產，7-11 月淡產

　　辣椒原產於中南美洲，自古以來就是重要的辛辣調味料。明朝末年經由海路傳入我國，稱為「番椒」或「番薑」。一般農家常會種上一、兩棵，既可觀賞又能食用。

　　辣椒的品種很多，果實的大小、長短、下垂、上揚、色澤及辣度等均不相同，大多呈圓錐形，未成熟前綠色，成熟後富含胡蘿蔔素，因此呈紅色。通常於果實充分肥大時採收，如果太早採下，辣味不強。目前也有一些辣味少或不辣的品種，是怕辣者的福音。

　　辣椒富含維他命 A、C，適量的食用有益健康。在醫學上，辣椒具有促進血液循環的功能，可幫助祛寒。在外用上，辣椒可做成軟膏、油膏或貼藥，對肌肉疼痛、關節炎、腰痛等有療效。晒乾磨粉，亦可調味。

▲ 紅熟的辣椒。

▲ 辣椒開花，白色為主。

▲ 花壇中的觀賞辣椒。

香辛調味料植物

茶　*Camellia sinensis* (L.) Ktze.

【茶科山茶屬】

產期：2-11 月

　　茶是消耗量最大的飲料之一，市售的烏龍茶、包種茶、紅茶及綠茶等，都是由「茶」樹的嫩葉製造出來的。

　　剛採下的新鮮茶葉（茶菁）中含有許多水分和酵素，須經過日光或熱風「萎凋」，使水分漸漸蒸散、酵素漸漸氧化，此過程稱為「發酵」。依製成過程的發酵程度，可分為「不發酵茶」，例如綠茶；「部分發酵茶」，例如包種茶、烏龍茶；「完全發酵茶」，例如紅茶。有時茶農會在製作過程中加入茉莉花、桂花、梔子花等香花來薰味，以增添風味。

　　茶樹喜歡溫暖溼潤，以雨量均勻、日照充足、早晚多雲霧、排水良好的山坡地最適宜生長。

　　台北植物園於「飲料植物區」有種茶，包括「小葉種」及「大葉種」。著名的阿薩姆茶（*C. sinensis* （L.）Ktze. var. *assamica* （Mast.）Kitam.）即屬於大葉種，適合製作紅茶。小葉種的品種有台茶 12 號、台茶 13 號、青心大冇（ㄇㄡˇ）、青心烏龍等，適合製作包種茶、烏龍茶或綠茶。

▲ 茶嫩葉。

▲ 阿薩姆茶開花。

▲ 茶的種子亦可榨油。

嗜好及飲料植物

可可　*Theobroma cacao* L.

【梧桐科可可樹屬】

產期：全年均有，3-6 月為主

許多人喜歡吃巧克力，巧克力就是可可樹的種子製成的。

可可樹原產於南美洲，當地的印第安人將種子磨粉，加入玉米粉、辣椒後泡水飲用，由於不加糖（因為當時美洲並未開始種甘蔗），喝起來苦苦的。

可可屬於「幹花植物」，花朵開在樹幹、樹枝上。雖然花朵很多，但容易落果。果皮很硬很厚，裡面有數十枚的白色肉囊，肉囊內的種子稱為「可可豆」，可可豆再製成可可粉和可可脂。若去掉油脂，可沖泡成可可飲料；如果再加入可可脂、砂糖、牛奶、色素和香料等，調勻冷卻後，就是好吃的巧克力。

可可是一種熱帶植物，冬天最忌霜害，寒流來襲時可使植株葉子掉光，甚至凍死，因此可可在台灣屬於稀有作物，僅農業試驗所嘉義分所、林業試驗所恆春研究中心熱帶植物園、屏東科技大學、台中自然科學博物館溫室中有種植可可。台北植物園種植的可可，尚未到達開花結果的階段，希望它可以平平安安的長大，讓大家欣賞其開花結果的模樣。

嗜好及飲料植物

▲ 可可豆。

▲ 結實纍纍的未熟果。（嘉義農試所）

◀ 台北植物園的可可樹。

咖啡　　1. *Coffea arabica* L.（阿拉伯咖啡）

　　　　2. *C. liberica* Bull ex Hiern（利比亞咖啡）

【茜草科咖啡屬】

產期：5-12 月

　　咖啡是消耗量僅次於「茶」的飲料，主要產地是中南美洲，尤以巴西的產量最高。

　　台灣的咖啡於 1884 年由英國商人自菲律賓引進，日治時代曾大力推廣種植，後來因為經營不善，咖啡園大多荒廢，直到近年來才又開始流行。

　　咖啡的品種相當多，通常分為「阿拉伯咖啡」、「大葉咖啡」、「利比亞咖啡」、「雜交種」四大類。其中以阿拉伯咖啡系統的風味最佳，種植面積最大，台灣栽種的咖啡即是屬於阿拉伯咖啡。

　　咖啡的果實於紅熟時採收，經過晒乾、去殼、去肉、發酵、洗淨、晒乾、去膜及烘焙等手續，就是「咖啡色」的咖啡豆，再經過冷卻、研磨，就是香醇的咖啡粉了。

嗜好及飲料植物

▲ 下雨或灌溉後開花較多，潔白芳香。

▲ 顏色鮮麗的阿拉伯咖啡果實。

▲ 利比亞咖啡也稱為賴比瑞亞咖啡。（嘉義農試所）

仙草　*Mesona procumbens* Hemsl.

【唇形科仙草屬】

產期：9-10 月

　　在鄉下農家，仙草多半零星栽培於山坡果園或菜園中，近年來因為「燒仙草」需求量大，已有大規模專業種植。

　　仙草的應用部位是莖、葉，通常在 9-10 月割取曬乾備用，以晴朗的天氣最適宜收割。乾燥的莖葉加水熬煮即為仙草茶，如果混入太白粉等澱粉糊化，冷卻後即凝結成黑色仙草凍。仙草亦為仙草布丁、仙草雞、仙草排骨等健康食品之原料。

　　台北植物園有栽培仙草，每當 10-11 月開出柔美的花序，往往吸引遊客的眼光。

▲ 仙草凍有消暑止渴之效。

▲ 凝膠成分主要位於老葉。

嗜好及飲料植物

▲ 仙草開花，粉紅色。

菸草　*Nicotiana tabacum* L.

【茄科菸草屬】

產期：12-2 月

近年來公共場所普遍禁菸，香菸就是用菸草的葉子製成的。

菸草原產於美洲，當地的印第安人早在二千多年前就開始吸煙了，哥倫布發現新大陸後，菸草很快的傳遍世界各地。

菸草適合於春天或秋天播種，中南部的菸農則普遍於 8-9 月播種，經過假植和定植，冬天採收菸葉。採下的葉子經過編聯、吊掛、烤製，等葉子黃化、變色、乾燥、冷卻後再分級打包，交給菸廠製菸。

菸葉中含有尼古丁，是一種含劇毒的成分，可當作殺蟲劑，具有麻醉作用，因此吸菸容易上癮，而且有害健康。

▲ 菸草幼苗。

▲ 株高約 2 公尺，摘去生長點後高
約 1.1 公尺。

▲ 菸農忙採收。（嘉義竹崎）

嗜好及飲料植物

洛神葵　*Hibiscus sabdariffa* L.

【錦葵科木槿屬】

產期：11-1 月

　　依用途，洛神葵可分為「食用型」和「纖維型」兩大類，台灣栽培的是屬於食用型，主要產地是台東。每年自 10 月底起，台東金峰、太麻里一帶大片的洛神葵正值盛產期，鮮紅色鑽石般的造型，每每吸引遊客的目光。

　　洛神葵的食用部位是「花萼」，味道很酸，不宜生食。通常於花萼肥大時剪下，去掉內側的果實後製成果醬、果汁、蜜餞或釀酒，亦可曬乾加糖煮成洛神花茶。

　　洛神葵適合於 3-4 月播種，太早播種因為氣溫太低，發芽慢且生育不佳。當年冬季即可開花結果，然後植株枯死。台北植物園的洛神葵種子分別由台北市北投區第五市民農園及台中區農業改良場提供，十分感謝！

嗜好及飲料植物

▲ 花萼（上方）、果實（綠色者）及乾製品（下方）。

▲ 花萼肥大，外側有 8-11 片較小型的副萼。

▲ 花淡黃色，五瓣，凋謝前變成粉紅色。

亞麻　*Linum usitatissimum* L.

【亞麻科亞麻屬】

產期：1-2 月

亞麻是最古老的纖維作物之一，亦是油料作物。早在四千多年前，古埃及人就已栽培亞麻並紡成布料，用來包裹木乃伊。

亞麻纖維具有強韌、輕盈、吸水散水快、耐洗滌等優點，除織造布匹，亦可編織帆布、防水布、漁網等。亞麻的種子亦可榨油，可供食用、醫藥用，但目前主要是調製成印刷油墨、油漆。

亞麻性喜涼爽，以 10-11 月播種最佳，第二年春天連根採收。

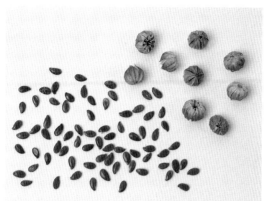

▲ 果實和種子。

▲ 亞麻幼苗。

▲ 花藍紫色，五瓣。

黃麻　*Corchorus capsularis* L.

【田麻科黃麻屬】

產期：5-11 月

　　黃麻盛產於恆河三角洲一帶，為印度、孟加拉重要的纖維作物，因其纖維帶有黃褐色而得名。

　　台灣早期也有栽培黃麻（纖維用黃麻）。春天播種，秋天採收，去掉頂梢，刮除表皮，保留韌皮纖維，浸水、發酵、軟化再晒乾，可織成麻布袋、繩索，原住民朋友並用來織布。但纖維用黃麻後來是越種越少了。

　　近年來，農業單位由國外引進蔬菜用品種，稱為「葉用黃麻」，市場上稱為「黃麻嬰」，是夏季盛產的新興蔬菜。洗淨後切細，加入甘藷塊、小魚干煮成麻嬰湯，濃稠滑潤、退火清涼。亦可沾麵糊油炸、燙熱開水後涼拌。

▲ 葉用黃麻植株較矮，分枝較多。

▲ 纖維用黃麻，果實圓形。

▲ 黃麻開花，其葉子基部左右各有一鬚。

175

苧麻　*Boehmeria nivea* (L.) Gaud.

【蕁麻科苧麻屬】

產期：5-10 月

　　早在戰國時代即有栽植苧麻，可能於明朝末年傳入台灣，現已野生生於台灣山區，泰雅族朋友常用來織布、編織背帶、繩索。

　　苧麻適合以分株或扦插繁殖，栽種後可連續收成 5-8 年。應用部位是莖梗，剪下來後剝皮，將麻皮捆綁成束，放在水裡浸泡、搓洗，刮去表皮、膠質及雜質，然後將纖維梳直、拉長、壓平，再紡成紗線。苧麻的纖維強韌而柔軟，吸濕、快乾而輕鬆，熱傳導性好，適合織成「夏布」，穿起來很涼快。

▲ 苧麻的雄花序。

▲ 苧麻的雌花序。

▲ 苧麻植株。

棉花　*Gossypium hirsutum* L.（陸地棉）

【錦葵科棉屬】

產期：6-9 月

　　棉花是最主要的纖維作物。在六○年代以前，台中、雲林、嘉義、台南、屏東、花蓮等地均有棉田。因為台灣夏季多颱風、陣雨，加上棉花的病蟲害很多，目前已無經濟栽培，所需原料皆靠進口。

　　棉花以春天播種較佳，秋季採收。應用部位是種子外側的絨毛，稱為「棉花」或「棉絮」。當果實成熟裂開，棉絮露出（吐絮）時採收，稱為「收花」。經過晒乾、清花（清雜質）、軋花（兼去籽）後綑綁打包（防吸濕），送到工廠當作棉布、棉線之原料，亦可混合人造纖維或動物毛毛料混織，或製作棉被。收花時最怕陰雨天，因此世界上主要的棉田均位於溫暖、少雨而灌溉方便的地區。

■ 知識加油站：
　　台北植物園收集的棉花有兩種：
　　一、陸地棉：植株較矮，當年播種、發芽、開花、結果而漸漸枯死，屬一年生作物。花乳白色，果實裂成 4-5 室。其種子由台灣大學農場贈送。
　　二、海島棉（*G. barbadense* L.）：植株極高，第一年播種、收花、枯死，但部份品種為多年生，台北植物園栽培最多者即為此種。花黃色，有紅心，果實裂成 3 室。
　　本省早期農家栽培的為陸地棉。

▲ 陸地棉是昔日推廣的品種，花朵乳白色。

▲ 棉的果實，稱為「棉鈴」或「棉桃」。

▲ 棉花吐絮，即可收花。

纖維植物

伍　　附　　錄

民生植物學習活動單

民之所欲　常在我心──民生植物　　趙婉如設計

現代社會，吃過豬肉沒見過豬走路的人很多，當你看完這本書，千萬別再做一個不識稻、梁、黍、稷的綠色文盲了……。

五月（合農曆四月，雅稱為梅月），在農民曆裡已是進入「立夏」的節氣，春天種植的農作物此時都已經長大，春天也到了尾聲，就要進入夏天了。所以此時在農業時代呈現「鄉村四月閒人少，纔了蠶桑又插田」的忙碌景象。

※〈憫農〉二詩──唐詩人李紳
　　一、春種一粒粟，秋收萬顆子，四海無閒田，農夫猶餓死。
　　二、鋤禾日當午，汗滴禾下土，誰知盤中飧，粒粒皆辛苦。

第一首詩中一開始以〝春種〞和〝秋收〞說明了莊稼人家順應天時地利之生活哲學，並以「一粒粟、萬顆子」衍生「一分耕耘、一分收穫」的勵志銘言，正是農民耕作經驗的寫照。

第二首「鋤禾日當午，汗滴禾下土」更道盡了農民的辛勞。然而究竟又有多少人能體會並珍惜得來不易的「盤中飧」呢 ?!

※ 三字經

　稻粱菽，麥黍稷，此六穀，人所食。馬牛羊，雞犬豕，此六畜，人所飼。

活動與體驗

手腦並用→思辨為要→學以致用→生活快樂

動動腦

1. 我們每天吃的米飯、麵食、糕點的主要原料，各來自何種作物？想一想，再回答！

2. 在這一片綠地裡有幾種五穀雜糧作物，你發現了它們共有的特色或不同的區別點了嗎？仔細瞧！比較看！

3. 「吃豆豆，長痘痘！」真會如此嗎？不同種的豆子各含有不同的豐富營養成分，在這一壟豆圃，你認識了哪幾種？它們的長相大致記得了吧？！

4. 「煮豆燃豆萁，豆在釜中泣，本是同根生，相煎何太急？」這首流傳的七步詩是經後人改寫成的，原詩出自於何人之手？它含有什麼意境，你能表達出來嗎？若能當下背誦出來更棒！

5. 「紅豆生南國，春來發幾枝，願君多採擷，此物最相思。」這首耳熟能詳的詩是誰的大作？句首的「紅豆」是你常吃的紅豆嗎？不妨試著打破砂鍋問到底！

勤四體

1. 觀察：葉形、葉脈、種子（果實）

2. 比較：稻粱菽麥黍稷，何者非禾草？

3. 紅蘿蔔、白蘿蔔、甘藷、牛蒡、樹薯，指出可食用部位及其名稱（如地下莖、地下根）。

4. 民生植物賓果遊戲：

   參加者在方格中填下 1 ～ 24 的數字。

   遊戲開始時，解說老師先問學生許多與民生植物有關的問題（問題見183-184 頁），答案就是下列 1-24 植物。請將老師所說問題的答案，依照號碼，在你所填的數字格子中作記號。當老師所希望完成的形狀都有記號時，就大喊 Being Go ！

		※		

1) 稻米	2) 高粱	3) 花生
4) 黑小麥	5) 薏苡	6) 白蘿蔔
7) 燕麥	8) 地瓜	9) 豌豆
10) 小米	11) 玉米	12) 蕎麥
13) 大豆	14) 菠菜	15) 苧麻
16) 棉花	17) 甘藍	18) 空心菜
19) 牛蒡	20) 紅蘿蔔	21) 韭菜
22) 茼蒿	23) 小麥	24) 大麥

種子畫畫：

好好地欣賞解說老師的種子畫，然後也用不同的種子做一幅帶回家留念。

1. 又名「菠稜菜」，是大力水手卜派的活力來源，富含維他命 A、B、C，礦物質鐵、鈣及草酸。

2. 台灣島的形狀像那一種糧食作物的外形？這種作物的根、莖、葉都可以吃。

3. 閩南語稱為「吳母」，地下根富含菊糖，很適合糖尿病患者食用的蔬菜。

4. 象徵「好彩頭」的根莖類蔬菜。

5. 小白兔愛吃的根莖類蔬菜。

6. 種皮延伸出的纖維可以用來製做衣料、棉被，種子可榨油，粕渣可做為有機肥或飼料。

7. 別名「荷蘭豆」的藤蔓類植物，綠色豆芽及幼苗可食用。

8. 可以用來作豆漿、豆花、豆腐、豆干、沙拉油的豆類植物。

9. 高麗菜又稱什麼？

10. 別名「長生果」、「土豆」，果實結在土壤中。

11. 又稱「打某菜」的青菜，冬天吃火鍋常用。

12. 又名「蕹菜」的半水生蔬菜，富含維他命 A、B、C，礦物質鉀、鈣。

13. 華人的主食，可製作粽子、米粉、湯圓及各種的粿。

14. 台灣原住民的主食，也用來飼鳥。

15. 蛋白質含量高，可養顏滋補的穀類植物。

16. 號稱「救荒食糧」，別名「甜蕎」、「烏麥」、「淨腸草」，有開胃整腸、下氣消積的功效。

17. 金門的特產，可用來釀酒。

18. 可以製作「爆米花」的美食。

19. 穀類的一種，果實長得像燕子的尾巴。

20. 可製作啤酒、麥芽糖，「芒」比小麥長的穀類植物。

21. 用來製作麵條、麵包的穀類植物。

22. 小麥和黑麥的雜交種。

23. 《詩經》中已經出現的纖維植物。

24. 水餃中常出現的餡料，也有在無光的黑暗環境中培養的，味道特別鮮美。

各題答案：1. 菠菜　2. 地瓜　3. 牛蒡　4. 白蘿蔔　5. 紅蘿蔔　6. 棉花
7. 豌豆　8. 大豆　9. 甘藍　10. 花生　11. 茼蒿　12. 空心菜
13. 稻米　14. 小米　15. 薏苡　16. 蕎麥　17. 高粱　18. 玉米
19. 燕麥　20. 大麥　21. 小麥　22. 黑小麥　23. 苧麻　24. 韭菜

索 引

一、學名索引

索引

索引

二、中文索引

索引

索引

三、參考書目

1. 中國 農業百科全書，中國農業百科全書編輯部，北京，1993

2. 中華民國 92 年農業統計年報，行政院農業委員會，民 93

3. 台北植物園自然教育解說手冊（一）、（二），范義彬等，林業試驗所，民 89

4. 台灣山地作物資源彩色圖鑑，葉茂生，台灣省政府農林廳，民 88

5. 台灣豆類植物資源彩色圖鑑，葉茂生、鄭隨和，民 80

6. 台灣的蔬菜（一）、（二）、（三），吳昭其，渡假出版社，民 84

7. 台灣農家要覽 農作篇（一）、（二），豐年社，民 84

8. 台灣編織植物纖維研究，張豐吉，台中縣立文化中心，民 89

9. 台灣蔬果園 水果篇，郭信厚，田野影像出版社，民 92

10. 台灣蔬果實用百科 1、2、3，薛聰賢，台灣普綠有限公司，民 90

11. 台灣雜糧作物品種圖說，台灣省政府農林廳，民 87

12. 作物學，葉茂生，中興大學，民 80

13. 詩經植物圖鑑，潘富俊，貓頭鷹出版社，民 90

14. 糧食作物，賴光隆，黎明文化事業有限公司，民 81

國家圖書館出版品預行編目資料

臺北植物園自然教育解說手冊. 民生植物篇 / 郭信厚,
范義彬編著. -- 再版. -- 臺北市：農委會林試所,
民 101.12
面； 公分.
ISBN 978-986-03-5336-5（平裝）

1. 食用植物 2. 解說 3. 臺北市

376.14   101026017

台北植物園自然教育解說手冊 - 民生植物篇

發　行　人：黃裕星

編　著　者：郭信厚、范義彬

攝　　　影：郭信厚、范義彬、黃曜謀

出 版 單 位：行政院農業委員會林業試驗所

　　　　　　地址：100 台北市中正區南海路 53 號

　　　　　　電話：(02)2303-9978

　　　　　　傳真：(02)2314-2234

全球資訊網網址：http://www.tfri.gov.tw

美 術 編 輯：李佩倫

印　　　刷：財團法人台北市私立勝利身心障礙潛能發展中心

定　　　價：新台幣 350 元

出 版 日 期：中華民國九十三年九月 初版

　　　　　　中華民國一〇一年十二月 再版

展 　售 　處：國家書店 松江門市
　　　　　　10455 臺北市松江路 209 號 1 樓 (02)2518-0207

　　　　　　五南文化廣場 臺中總店
　　　　　　40042 臺中市中區中山路 6 號 (04)2226-0330

ISBN：978-986-03-5336-5

GPN：1010103518